混流制造系统
脆弱性评估与应用

高贵兵　肖　钊　柏文琦　著

华中科技大学出版社
中国·武汉

图书在版编目(CIP)数据

混流制造系统脆弱性评估与应用/高贵兵，肖钊，柏文琦著.—武汉：华中科技大学出版社，2023.12

ISBN 978-7-5680-9918-9

Ⅰ.①混… Ⅱ.①高… ②肖… ③柏… Ⅲ.①自动制造系统-评估方法 Ⅳ.①TH164

中国国家版本馆 CIP 数据核字(2023)第 199714 号

混流制造系统脆弱性评估与应用 高贵兵 肖 钊 柏文琦 著

Hunliu Zhizao Xitong Cuiruoxing Pinggu Yu Yingyong

策划编辑：胡天金

责任编辑：王炳伦 陈 骏

封面设计：旗语书装

责任校对：李 弋

责任监印：朱 玢

出版发行：华中科技大学出版社(中国·武汉) 电话：(027)81321913

武汉市东湖新技术开发区华工科技园 邮编：430223

录 排：华中科技大学惠友文印中心

印 刷：武汉科源印刷设计有限公司

开 本：710mm×1000mm 1/16

印 张：11.5

字 数：234 千字

版 次：2023 年 12 月第 1 版第 1 次印刷

定 价：68.00 元

本书若有印装质量问题，请向出版社营销中心调换

全国免费服务热线：400-6679-118 竭诚为您服务

前言

脆弱性分析起源于20世纪70年代自然灾害领域的研究，近年来，这一概念也引起了生态学、环境学、社会学、金融学、政治学、伦理学等诸多领域研究者的广泛关注，计算机、电力网络、交通运输、供应链等领域的脆弱性分析与应用研究也如火如荼。越来越多的学者认识到复杂系统脆弱性研究的重要性，而关于制造系统脆弱性的研究却开展得较少。

脆弱性是复杂系统面临的社会难题，无法避免，因此受到国内外研究者们的重视。然而，在复杂系统脆弱性研究史上，制造领域的脆弱性研究并未引起学者的重视。主流的脆弱性研究集中于社会、伦理、金融等人文社科方面，强调脆弱性的定性分析与预防策略研究，认为脆弱性是消极的，与系统的稳健性相对立，是必须克服和预防的。然而，脆弱性是复杂系统的固有属性，无论如何也消除不了，拒斥它也无任何意义。系统失效、故障，甚至由此引起的安全事故或导致的灾难，都是脆弱性的真实体现，这是每个复杂系统都无法回避的问题。

从系统论的角度看，混流制造系统规模庞大，各子系统及各单元节点之间存在关联、耦合和互斥等关系，是典型的复杂系统，必然具有复杂系统所固有的脆弱性。混流制造系统的脆弱性指系统组成要素故障或受攻击后系统整体功能的损失程度，是系统应对风险、故障时的敏感性与抗干扰能力，表现在它的任何一个单元或子系统出现故障或偶发安全事故，均可能导致整个系统出现故障甚至造成恶劣的社会影响。当前对于混流制造系统的研究主要集中于装配线平衡、物料配送优化、装配机器人协同调度、装配线排序优化、工位组划分优化等方面，对混流制造系统健康管理的研究则集中于制造设备的故障诊断、剩余寿命预测等。对于结构复杂、价格高昂的混流制造系统，分析、评估系统的脆弱性，掌握脆弱性的扩散机理，可以有效预防、减少或避免系统故障，是保障系统安全运行的关键。因此，如何科学详细地分析混流制造系统的脆弱性因素，高效全面地量化评估系统脆弱性，如何将脆弱性应用于系统的健康管理中，保障系统的安全稳健，是混流制造系统研究领域的关键环节，也是本书分析和讨论的核心所在。

本书以复杂系统脆弱性理论和相关工程领域的信息熵、复杂网络、结构熵、可靠性等各种理论知识为基本依据，以混流制造系统脆弱性的多维综合评估为切入点，遵循“概念内涵—分析评估—综合应用”的混流制造系统脆弱性研究的脉络，构建了混流制造系统脆弱性研究的“多维多层”综合评估体系，给出了功能脆弱性、结构脆弱性、过程脆弱性等不同类型脆弱性的评估模型，提出了混流制造系统脆弱性的综合评估与调控体系，由此为混流制造系统脆弱性评估和应用提供了一套系统的理论和方法。

本书的具体研究内容包括以下几个方面。

(1) 阐述了混流制造系统的概念、内涵，分析了它的结构、功能、性能等特征，梳理了复杂系统脆弱性的国内外研究现状，以目前混流制造系统脆弱性研究中的不足为本书的研究切入点。同时，对复杂网络理论、信息熵原理、可靠性理论与健康管理理论等进行了剖析，为本书的脆弱性研究奠定了理论基础。

(2) 构建了混流制造系统脆弱性分析评价的理论和技术方法体系。首先，将生态环境、金融系统、社会伦理等领域的脆弱性概念引入混流制造系统的健康管理领域，提出混流制造系统脆弱性的概念和内涵，归纳分析了混流制造系统脆弱性的种类，并给出了不同混流制造系统脆弱性的定量测定技术和方法，从结构脆弱性、功能脆弱性、过程脆弱性等不同的方面，分别利用信息熵原理、复杂网络理论、多维矢量空间、Lz 变换、通用生成函数等原理和方法，建立了量化评估模型。其次，在伦理上对脆弱性扩散机理进行归纳，建立了基于性能评价进程代数的脆弱性扩散模型，进而应用大数据分析处理技术对混流制造系统脆弱性的传播趋势进行预测。最后，从功能脆弱性与结构脆弱性两大方面提出了混流制造系统脆弱性的综合治理与预防机制。

(3) 运用研究提出的脆弱性评估理论和技术对混流制造系统的脆弱性进行了实证研究，并将脆弱性与系统的健康管理知识相结合，利用 CPS 技术、大数据处理技术等建立了基于脆弱性评估和扩散机理的健康管理模式，为混流制造系统的智能维护提供了一种全新的思路，为预防和减少系统的故障提供了新对策。

本书的核心特点在于将脆弱性概念引入到混流制造系统的健康管理领域，一方面拓宽了复杂系统脆弱性研究领域的广度和深度，另一方面为混流制造系统的生产运作管理和健康维护提供了一种全新的思路和视角，为混流制造系统的设计、优化和管理提供了更加科学的决策依据。

本书由湖南科技大学机电工程学院高贵兵、肖钊和湖南省计量研究院柏文琦共同撰写，感谢湖南科技大学岳文辉教授、张红波教授、唐皓副教授、欧文初博士在书稿撰写过程中的帮助和支持，感谢湖南科技大学和国家 NQI 重点研发计划“重载电力机车 NQI 关键技术集成应用示范”项目对本书出版的支持。

目　录

第1部分　基础知识

第2部分　脆弱性分析评估

第 3 部分 脆弱性的应用

第1部分　基础知识

第1章　混流制造系统概述

【核心内容】

混流制造系统是一个具有复杂结构和动态行为的系统，它由制造单元、装配系统、测试单元、物料配送单元以及各类人员和管理信息系统等按照不同的结构形式构成，规模庞大，关系复杂。本章在对制造系统的概念、结构、性能等相关理论进行分析和总结的基础上，对混流制造系统的概念、结构、系统性能、健康管理等内容进行了较为详细的阐述。

（1）阐述了混流制造系统概念的起源、发展，混流制造系统与传统制造系统相比所具有的优势和它的实质生产模式，为后续脆弱性评估与健康管理提供理论基础。

（2）详细分析了混流制造系统的结构，对制造设备、制造单元、缓存区、检查站、物流等相关概念和可能的状态等进行了较为详细的描述。

（3）阐述了混流制造系统性能与脆弱性概念之间的联系与区别，混流制造系统健康管理在生产运营中的职能与作用。

（4）分析、讨论了混流制造系统的功能性、需求性和效果性三类功能指标，探讨了这些主要功能指标与脆弱性分析评估的关系。

1.1　混流制造系统

混流制造系统是在丰田生产模式的基础上，基于精益理念和计算机集成制造等现代技术发展而出来的一种离散制造的生产组织形式，它的出现既是由于当代客户市场需求差异化、多样化增加，也是由于先进制造技术、信息技术的快速发展引起生产线向专业化、柔性化转变。作为对传统自动化生产线的一种精益化与柔性化的改造与发展，混流制造系统能够在较短的时间内通过微调现有生产设备，甚至不做任何变化的前提下，用同一个制造系统制造出满足顾客需求的多种型号和不同数量比例的相似性产品。

传统的制造系统通常按设备类型进行车间布局，产品工艺路线固定、采用推动式物料发放、生产批次固定不变、按批次定量检测和运输，并在工序间设置大量的在制品、熟练的操作工人等以保证生产顺畅。混流制造系统的车间布局根据产品特点进行，对生产/检验与产品运输等采用柔性处理机制，依据现代生产调度技术对生产批量进行柔性控制，减少在制品数量。

混流制造系统的生产模式实质上是丰田精益生产模式和JIT生产方式的融合与扩展，柔性生产线技术其核心和关键，可以满足不同类型产品的多品种混流生产。同时，为实现多产品混流生产，需要对生产线整体的生产能力做出科学和合理的长期规划，达到生产线产能的动态平衡，并在不同产品生产切换过程中保持平滑顺畅。混流制造系统的目的是追求加工批量为1的“单件流”生产，并在生产过程中对所有产品实施全面质量管理。概括来说，当前的混流制造模式是对传统丰田精益生产模式的改进，使其适用于当前社会多样化需求下的多件小批量混合装配或流水作业。

混流制造系统是现代制造业中应用较广泛的生产系统，国内外专家对于混流制造系统的研究主要集中于装配线平衡、物料配送优化、装配机器人协同调度、装配线排序优化、工位组划分优化等方面，对混流制造系统健康管理方面的研究则集中于制造设备的故障诊断、剩余寿命预测等。综合当前的研究成果来看，混流制造系统健康管理方法有基于健康模型的方法、基于健康知识库的方法和基于健康数据的方法，主要内容包括混流制造系统健康管理的定义、内涵及其主要评估、管理方法；对混流制造系统的制造过程进行详细描述，分析混流制造系统的相关性能指标，对混流制造系统的脆弱性进行准确定义，建立脆弱性的评估指标体系，与其他复杂系统脆弱性分析、评估模式进行对比分析，最终给出混流制造系统脆弱性分析评估的理论框架与应用模式。本章的研究与阐述，旨在给出混流制造系统脆弱性概念与内涵，界定脆弱性分析与应用研究范畴，提供研究混流制造系统健康管理的整体思路。

1.2 混流制造系统的结构

1.2.1 制造系统内涵

上节已对混流制造系统的概念和内涵做了简单阐述，本节还要对混流制造系统的结构进行详细阐述，以便为后续的系统脆弱性分析奠定基础。在阐述混流制造系统的结构前，首先要对制造系统内涵进行简单描述。

对于制造系统，本节仅转述当前绝大多数学者比较认同的制造系统定义，简要说明其内涵和结构。概括来说，制造系统是指为达到预定制造目的而构建的物理的组织系统，是由制造过程、硬件、软件和相关人员组成的具有特定功能的一个有机整体，它的功能是将一定的输入的原材料转变为产品，即将输入转变为满足顾客需求的输出，并从中获得收益。制造系统有广义和狭义之分：广义制造系统的概念模型如图1.1所示，它涉及产品生命周期的采购、设计、制造、销售等全过程；而狭义制造系统主要针对产品的加工、装配等生产制造过程，狭义制造系统的概念模型如图1.2所示，它是由制造过程及其所涉及的硬件、软件和人员组成的一个将制造

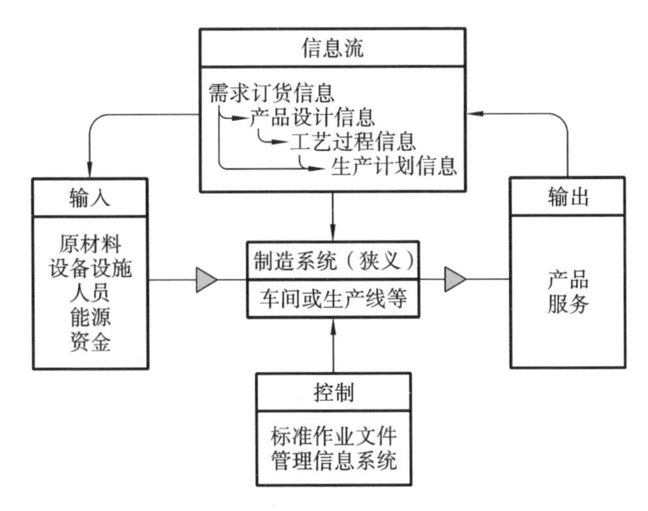

图 1.1 广义制造系统的概念模型

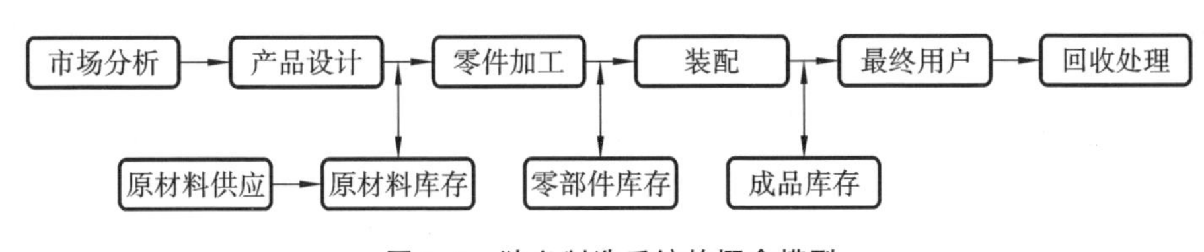

图 1.2 狭义制造系统的概念模型

资源转变为产品或半成品的输入/输出系统，涉及产品生命周期的全过程或部分环节。

本书研究的混流制造系统没有狭义和广义之分，但作为当前多品种小批量生产模式的典型制造系统，从定义的外延和内涵来讲，本书中所提及的混流制造系统偏向于广义制造系统。但在后续的脆弱性分析评估以及基于脆弱性的健康管理等研究过程中则将研究重点落实在制造过程，而不仅仅局限于制造过程，还会涉及与其他制造环节的联系。

1.2.2 混流制造系统结构

混流制造是指在一条生产线上同时生产多种不同类型的产品，是当前多品种小批量生产模式的常见生产组织形式，而混流装配线是其典型的表现形式。混流制造系统中的产品种类虽然不同，但产品的组成结构、外形特征、制造工艺、作业模式等相同或相似。不同类型的产品经过系统编码和科学组织，利用合理的生产计划有节奏地混合流水生产，达到按品种、产量、工序、工时进行生产的要求，使设备负荷均衡，这样既能发挥大批量流水生产的优越性，又能适应市场多品种、小批量、多规格的市场需求。流水线稍加调整，就能使多个品种的产品轮番依次在其线上生产的生产方式，称为可变的混流生产线。当工具、夹具、模具等无须调整，就可以进行多品种生产时，则称为成组流水线。混流制造系统中最常见的生产组织结构是混流生产线，由一系列的机器设备或工作站组成，机器之间可以被缓冲区或检查站分离开。接下来对混流制造系统中的相关概念进行系统阐述。

1）制造设备

混流制造系统的制造设备种类较多，制造设备的状态描述包含运行与停机两种。若制造设备处于运行状态，则表示设备正常，可以加工零部件。当设备完成一个零部件的加工任务时，上游已加工完成的零部件或者缓冲区中的待加工零部件会马上进入设备，开始下一个加工任务，而加工完成的零部件则被传输到下游工序或储存在线边缓冲区。如果加工的零部件在后续的检测中发现存在质量缺陷或为残次品，则设备需要停机检修，此时设备处于停机状态，不能生产。

制造设备处于运行状态，必须要满足一个基本条件，即至少有一个零部件让它加工，但有时会存在上一道工序零件还没加工完成，而缓冲区又是空的，没有零件可以供设备加工的情况，这时设备处于等待加工状态，也称"饥饿"状态。而当设备加工完成的产品不能被及时运走且线边缓冲区已满无法顺利存储时，设备处于"阻塞"状态。因此，设备运行的基本条件是设备既不能处于"饥饿"状态也不能处于"阻塞"状态。

实际设备使用过程中，除了"饥饿"和"阻塞"导致的设备加工能力下降，还有一种状态不能忽视，即设备的脆弱性状态。脆弱性状态下设备虽然处于运行状态，但各种内外干扰因素的影响导致设备性能劣化、系统加工能力下降，这种状态类似于人类的亚健康状态，具有极大的不确定性和难以量化评估等特点。设备的脆弱性状态会导致加工产品出现质量异常、安全事故等风险，在设备的健康管理中，必须对其进行准确的分析和判断。

2）制造单元

混流制造系统包含不同的工作站或制造单元，制造单元一般由数控加工中心或多个数控机床组成。混流制造单元作为一种先进的生产系统，是未来自动化技术发展的方向。图 1.3 为典型混流制造单元结构示意，由不同的工作站和机器人等构成，不同的工作站完成不同产品的各种加工工序，制造单元可以根据不同零部件的制造需求，将工作站排列成不同的形式。

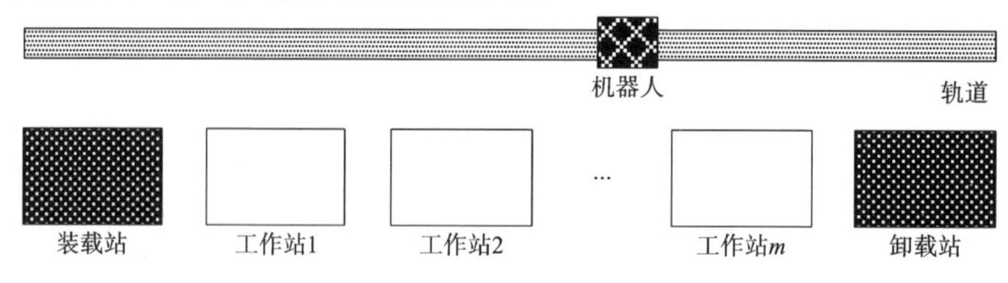

图 1.3 典型混流制造单元结构示意

3）缓冲区

混流制造系统由不同的工作站、制造设备和制造单元构成，由于不同制造设备、制造单元之间生产能力存在差异，加之制造设备可能存在故障等，因此在混流制造系统的设备布局时，为提高混流制造系统的平衡率和避免设备出现故障导致系统停工，在混流制造系统中必须引入一些缓冲区，用以提高混流装配线的稳健性和系统的可用度，减少因停工造成的损失。缓冲区设置须根据设备的前后工艺来确定，可以在部分设备或工作站之间设置缓冲区，增加系统的柔性，对于系统的健康管理，也可起到明显的调节作用。尽管缓冲区的设置可以提高混流制造系统的鲁棒性和可靠性，但缓冲区的设置会导致混流制造系统的状态增多，增加了生产调度与优化的难度。此外，设置缓冲区是一种被动的生产线管控措施，当上游加工工序的设备、工作站正常运行，下游工序对应的设备由于故障等原因处于停机状态时，缓冲区可以缓存零件；当上游工序的加工设备或工作站因为各种原因停机时，缓冲区能够为下游工序的设备或工作站供应加工零件。因此设置缓冲区可以增加系统的鲁棒性，但会导致在制品增加。

4）检查站

检查站主要用于检验上游工序的制造设备、工作站或制造单元生产的零部件是否合格、是否存在质量缺陷等。需要注意的是，产品经过检验站后认定为合格产品，但检验过程也不是完全可靠，可能会存在一些意外情况导致合格的零件被归入缺陷类别或存在缺陷的零件被误判为合格产品。判断零部件、产品是否存在缺陷、是否需要返工或者报废等工作一般由检查站完成。

5）物流

混流制造系统中的物流根据研究对象不同可以划分为不同的种类，从形式上可分为生产物流、销售物流等，从生产线上可分为线内物流和线外物流，从宏观微观上可以分为大物流和小物流。

生产物流指系统生产制造的物料（原材料、零部件、半成品、工装夹具等）在生产过程中的流动，是企业物流的主要构成，和生产成本息息相关。生产物流包括宏观层次的物流规划和微观层次的物料配送。物流规划从企业物流优化的宏观层面入手，以大局的观点来分析生产物流中的体系优化、物流战略规划、设备布局优化等问题；物料配送主要涉及生产物料的具体流程与操作，包括车间生产物料的配送、物料配送车辆的调度、物料需求计划管理和库存管理等诸多内容。本书中讨论的混流制造系统的物流主要指混流制造系统的线内微观物流，它的主要作用是及时向生产线供应原材料或毛坯，以及负责设备与设备之间、缓冲区与设备之间的半成品转运和最终成品的转运工作。

6）系统配置

混流制造的系统配置除前述的制造设备、工作站、制造单元、缓冲区、检查站等之外，还包括各种制造设备、单元之间、其他硬件设施等的连接方式，以及物料传输系统的设置、信息系统布局、网络拓扑结构等，它们共同构成混流制造系统的物理结构，其结构形式分为串联、并联和混联结构。混流制造系统的结构配置情况直接影响系统网络结构的复杂程度，对系统的结构脆弱性有直接影响。

1.3 系统性能与脆弱性概念间的关系

混流制造系统的性能表现包含许多方面。对于系统中的单台设备，它的性能指标通常包括设备的生产率、精度、可靠性、易维修性、耐用性等，对于一条混流生产线、混流制造车间或整个工厂层次的混流制造系统，它的性能指标则是系统的生产率、设备利用率、在制品数、系统可靠性、设备完好率、生产线平衡率、系统均衡性、系统柔性、脆弱性、可恢复性等。例如，对于一个汽车混流制造系统，它的性能指标是生产率（产量）、节拍时间、在制品数、均衡性等。因此，混流制造系统性能分析的具体内容要根据研究对象进行界定。在进行性能分析时，对于在制品数、生产率、节拍时间等容易被度量的指标，可以利用相关知识进行定量分析，对于系统柔性、可操作性、易维修性、脆弱性等难以度量的指标，需要采取定性与定量相结合的方式进行综合分析。

1）性能与可靠性

混流制造系统的性能与其生产的产品有关，如该系统用于制造什么产品，制造的产品功能如何，能否满足社会、满足企业制造某种产品的需求等。性能好坏的评估涉及一些性能参数，如生产线的节拍时间、生产率、良品率、设备利用率、生产线平衡率、产品质量等。

混流制造系统的可靠性与系统在生命周期内的指定时间内完成预期功能（例如，在指定的工作时间内未出现生产故障、产品质量稳定等）的能力相关。

2）性能与脆弱性的关系

混流制造系统的性能与“系统运转得如何好?”这样的问题相关，而脆弱性与“系统将出现故障吗?”这样的问题相关。例如，对于汽车混流装配线，生产线运行顺畅和产品质量稳定是系统的关键性能要求，如果混流装配线运转不顺畅，就不能顺利进行生产。而混流装配线为了完成产品装配任务，要求它的脆弱性在生产过程中维持在一定的程度，保证系统不发生故障即可，在混流装配线停工即生产结束后，可以对它进行整体的预防性维护和设备维修。

根据卜华白的研究，复杂系统的脆弱性事实上是系统性能下降的测度，系统脆弱性程度可以通过其性能指标的下降程度进行量化评估。脆弱性与性能有着明显的区别，是因为它和设备的健康状态紧密相关。很多时候，脆弱性也可以看作系统的性能指标之一，但脆弱性与其他性能指标相比，其不确定性与主观性更大，需要借助一些其他性能指标的变化来评估。例如，对于混流制造系统的功能脆弱性，必须借助混流制造系统的功能指标的变化来评估，如生产率下降了多少、可靠性的变化趋势等。

1.4　混流制造系统健康管理

混流制造系统的健康管理与维护在现代制造企业的生产运营中发挥着重要的职能作用，尤其在物联网、大数据盛行的时代，如何保证融合了各种高精度、高负载和高柔性智能设备的混流制造系统免受各种外界干扰、破坏，提高这种数字化、智能化系统的可靠性，保证它们的“健康”是现代制造业遇到的严峻挑战。

随着德国工业4.0的推广和《中国制造2025》的提出以及欧美、日本等国家和地区对于智能制造的大力支持与发展，各种智能代理和无线传输技术的普及应用、基于设备实时状态的系统健康预测与预知维护成为企业设备维护的新兴理论。系统健康管理通常利用现代智能传感器和智能监控技术，对系统各种设备的健康评估指标进行数据采集、识别评估和状态预测，形成预定目标的系统健康管理决策方案，在保障系统安全运行的同时，降低系统的维护成本。

1.4.1　混流制造系统健康管理的问题分析

在国家、政府、企业以及科研院所的大力支持与研究人员的潜心研究下，混流制造系统软、硬件各方面的关键技术均随着科学技术的发展取得了引人瞩目的成就，但在系统的健康管理与维护方面，其发展水平则明显滞后，主要存在以下几个显著的问题。

1）系统健康管理与维护效率低，资源浪费严重

现有设备的诊断、维修是通过信号处理、模式识别等方法监测或诊断设备的工作状态，一旦设备出现异常，立即实施维护。这种设备维护管理把系统中的设备独立出来，忽略了系统的整体性特点，造成维护不足和维护过剩问题严重，使一些昂贵的零部件过早更换，而存在故障的部件继续运行，导致系统健康状态进一步恶化甚至故障，浪费企业有限的健康管理与维护资源，降低了设备利用率和混流制造系统的效率。

2）系统健康管理与维护核心不突出

系统健康管理与维护的核心集中于各种制造设备的维护管理，最先进的预知维修、智能诊断等关注的重点在于系统内的设备维护，对于系统整体功能的损失、退化的内在原因、外在环境因素等影响分析较少，容易形成应付式的设备维护管理策略，不利于从根本上解决混流制造系统出现的问题。

3）系统健康管理与维护评估考虑因素不全

对于设备健康维护的研究，虽然有学者利用各种智能化设备和先进技术，对各种内外因素进行全面的分析评价，能够全面评估设备的可靠性、安全性、经济性等指标，但在混流制造系统的健康管理中，对于系统脆弱性的考虑很少，而脆弱性是复杂系统的固有属性，缺少了脆弱性的分析评估，不能从本质上厘清系统发生故障

的原因,也不能对混流制造系统的健康状态进行彻底准确的评估。

1.4.2 混流制造系统健康管理的研究意义

在当前智能化快速发展背景下,现有混流制造系统的健康管理与维护的评价方法难以解决上述生产运行过程存在的难题。对混流制造系统脆弱性激发因素进行详细分析、建立多尺度空间评估模型,从系统结构的内在本质上把握系统脆弱性关键,可以为系统健康预测与维护提供综合、全面的预知维修决策,从而提高资源的利用率。混流制造系统健康管理的研究意义主要体现在以下几个方面。

(1) 设计混流制造系统不同脆弱性的评估方法,建立脆弱性多尺度空间评估模型,可以满足混流制造系统健康管理决策的综合需求。通过开展混流制造系统的单元脆弱性、拓扑结构脆弱性、功能脆弱性、过程动态脆弱性等不同类型脆弱性评估方法的研究,从本质上厘清不同脆弱性之间的构成因素、原因以及各自对系统性能退化的影响,从而建立多尺度空间脆弱性综合评估模型;分析不同脆弱性在系统内的传播机理与传播方式,充分利用系统的脆弱性,为混流制造系统的健康管理提供更加合理的维护决策。

(2) 研究混流制造系统健康状态的准确预测方法,分析各种激发因素的相互关系和对系统脆弱性的影响,建立基于脆弱性动态优化生成系数的灰色健康预测模型,可以准确预测系统的健康状态。混流制造系统处于复杂的内外环境中,影响其脆弱性的因素包括加工制造过程、人员以及环境等,这些因素能影响设备性能的退化轨迹。建立这些因素与系统性能之间的映射关系,可以准确辨识不同因素对设备性能退化的影响,探索一种基于系统脆弱性影响的灰色健康状态预测方法,更真实地反映制造设备性能退化状态与脆弱性之间的演变规律,准确预测系统的健康状态,为混流制造系统的健康管理与维护提供合理的决策依据。

(3) 探究基于脆弱性阈值的混流制造系统预知性机会维护策略,可以建立健康状态预测与维护管理体系。通过监测混流制造系统的运行状态,评估故障、异常等对系统性能的影响。结合混流制造系统设备的脆弱性评估数值和设备的可靠度,采取基于脆弱性阈值的混流制造系统预知性机会维护策略,建立起系统维护综合成本最低的模型,为生产现场的设备维护和诊断提供调度计划,有利于混流制造系统的协调控制和资源的高效利用。

1.5 混流制造系统健康管理的定义

在分析和讨论健康管理时有两个较为常用的词汇就是“故障”和“剩余寿命”,这两者在健康管理中所起的作用差别很大。故障是系统不能执行规定功能的状态;广义上,剩余寿命指一个系统正常工作一段时间后,能够继续正常运转的时间,狭义上,剩余寿命指系统的部件或子系统从当前时刻到发生潜在故障的预计持续正常工作时间。

故障和剩余寿命包含两层含义：一是系统性能下降后会产生故障；二是剩余寿命是未来的状态，进行维护后剩余寿命会延长。故障是系统运行中性能失效状态和系统健康状态恶化的结果，而剩余寿命则代表的是系统当前的健康状况。

混流制造系统中的设备、单元、子系统以及系统的故障指设备、单元、子系统以及系统没有能力完成规定功能；剩余寿命强调的是设备当前状态是正常的，但在一定的时间之后，这些设备、单元、子系统和系统等将不再具有完成规定功能的能力，代表的是一种未来可以预见的状态，这种状态不包括在预防性维修和定时性维修后的性能恢复或者剩余寿命的延伸，也不包括外部无法预知的因素导致的突发性故障。

为深入了解故障的概念，还可以将失效与故障的概念进行对比分析。失效指执行要求功能的某项能力的终结。故障是可能会引起系统产生失效的一个不良状态，所有的失效都是故障，但并不是所有的故障都是失效。失效是基本的不正常表现，而故障是更"高阶"或更一般的事件。故障可以作为失效的直接原因或失效原因的状态。

有学者将系统丧失规定的功能称为故障，对于不可修复的系统称为失效。这种解释把失效和故障分开来看，强调故障是失效事件产生后的系统状态，或者故障是可能会导致系统失效的事件或不良状态，故障在失效前就可能存在。也有学者认为故障和失效的本质相同，是针对可修系统或不可修系统的类似解释。

本书在进行脆弱性分析与健康管理阐述时，考虑到混流制造系统属于可修系统，因此采用"故障"一词，而在进行底层单元如设备、工作站、单元级阐述时则采用"失效"一词。下面给出混流制造系统健康管理中用到的部分术语的具体定义。

（1）混流制造系统故障：混流制造系统生产运作过程中因为各种内外干扰、破坏导致系统功能实现困难甚至使系统不能正常执行规定功能的事故状态。

（2）混流制造系统故障模式：混流制造系统故障的一种描述方式，是故障状态或底层失效事件的一种外在显示形式。

（3）混流制造系统剩余寿命：宏观上，指系统正常工作一段时间后，还能够继续正常运转的时间；微观上，系统所有的设备、单元、子系统都有剩余使用寿命，指它们从当前时刻到发生潜在故障的预计持续正常工作时间。

（4）混流制造系统健康：混流制造系统健康由三个方面的要素构成。

①系统全局强健：系统具有良好的设备、单元、子系统的耐用性，系统配合的平衡性，持续生产的稳定性，高频率运行的可靠性。

②保养功能完善：系统具有综合全面的自养护、自防御、自维护、自适应、自修复、自补偿等自我防御和保养机能。

③管理运行科学：系统实施健康管理和动态养护维修，其经济性、安全性、平衡性、动力性、可靠性、稳健性在全寿命周期中始终保持或优于设计质量。

本书中的混流制造健康管理将系统的健康分为三类状态：健康、脆弱、故障。混流制造系统的生命周期是一个健康—脆弱—故障—报废的过程，随着系统性能的不断下降，系统的健康状态是一个由量变到质变的动态过程。调研显示，目前在用的各种复杂系统，健康状态和故障状态的各占 20%，大部分系统（约 60%）处于亚健康状态，即脆弱状态。

1.6 混流制造系统功能分析

混流制造系统功能分析也是脆弱性分析的重要指标，主要目的如下。

(1) 识别混流制造系统的主要功能。

(2) 识别混流制造系统完成指定功能的操作模式。

(3) 对混流制造系统进行等级分解。

(4) 识别混流制造系统各功能之间的内在联系。

混流制造系统的功能是制造满足客户需求的不同产品，客户需求是前提，因此，生产企业在构建混流制造系统时，须以盈利为目的，围绕如何生产和提供满足顾客需求的产品去设计、规划和组建系统，这也是当前所有企业、制造系统和客户三者之间存在的依存关系。混流制造系统的功能分析也必须以这三者为核心，考虑客户需求，结合企业战略，分析它们之间的相互关系。

1.6.1 混流制造系统基本功能关系的映射模型

混流制造系统生产的产品需要满足顾客对于产品的品种、数量、质量、价格、服务和交货期等基本需求，这是企业在组织生产制造时的基本任务。企业为了在竞争激烈的社会环境中生存下去并发展壮大，除了满足顾客的基本需求，还必须努力提高顾客的满意度，为此针对不同顾客的不同需求，制订出各种不同的客户满意策略，如按客户要求的提前交货策略、质量保证策略、全周期服务策略等。同时，企业在提高客户满意度的同时，也必须有自己的追求目标，如提升竞争力、提高效益等，形成企业的独特的低成本、差异化等运营战略，对企业的长期发展形成战略保障。

经过上述分析可知，不同的客户对产品的需求不同，制造企业只有满足客户需求才能占有市场，这种顾客的多种小批量产品需求造就了混流制造系统功能的要求。混流制造系统基本功能关系的映射模型如图 1.4 所示。该模型的基本目标分为功能性、需求性和效果性三类，具体阐述如下。

(1) 功能性目标：生产能力、产品质量、生产周期。混流制造系统的功能性目标指构建系统之后它所应具有的功能，这是系统规划和建设时的期望，决定了系统的基本构成情况。

(2) 需求性目标：创新能力、可靠性。混流制造系统的需求性目标指系统满足外部竞争环境和客户需求的能力，主要包括企业的创新能力、可靠性等，其中创新

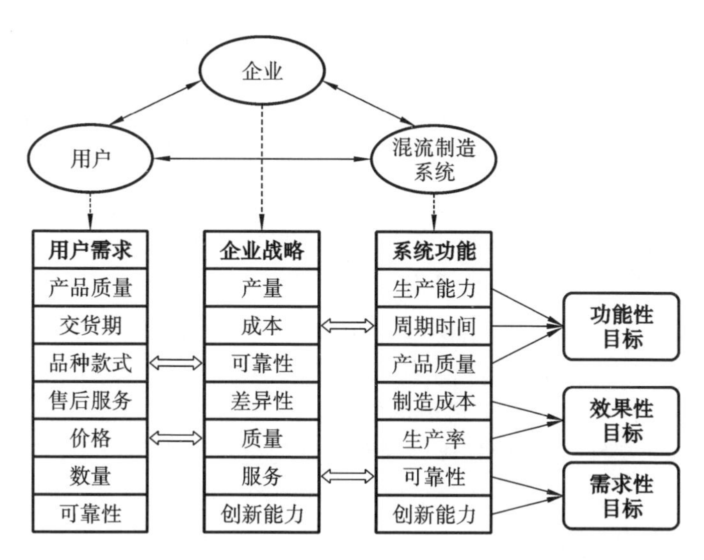

图 1.4　混流制造系统基本功能关系的映射模型

能力是最主要的需求性目标，它不仅体现在新产品的设计上，还体现在新工艺和新技术上。

(3) 效果性目标：制造成本、生产率。混流制造系统的效果性目标指系统对期望功能发挥的程度，可以认为是系统间接呈现的功能，它反映了生产率等功能性目标的合理性。

1.6.2　混流制造系统的功能指标

分析混流制造系统功能、目标映射关系的目的是评估系统脆弱性、找到具体的评估指标。创新能力是混流制造系统的核心竞争力，是个定性指标，很难量化评价，在系统脆弱性分析时，很难用创新能力的影响程度评估系统的脆弱性；制造成本的重要性在此无须赘述，它与制造系统中的所有环节都紧密相连，由于存在很多隐性的间接成本，企业事实上很难直接地控制制造成本，因此也很难用制造成本的变化去评估系统的脆弱性；稳健性用以表征混流制造系统对特性或参数扰动的不敏感性，与脆弱性反映的系统特征变化的敏感性相反，也不能用来衡量系统的脆弱性。本书衡量混流制造系统脆弱性的具体评估指标，采用的是系统的生产能力、产品质量、周期时间等的变化。下面对这些功能指标进行详细说明。

1) 生产能力

生产能力是指在计划期内，企业参与生产的全部固定资产，在既定的组织技术条件下，所能生产的产品数量，或者能够处理的原材料数量。生产能力是反映企业所拥有的加工能力的一个技术参数，它可以反映企业的生产规模。企业管理者之所以十分关心生产能力，是因为他们随时需要知道企业的生产能力能否与市场需求相适应。当需求旺盛时，需要考虑如何增加生产能力，以满足需求的增长；当需求不足时，需要考虑如何缩小规模，避免产能过剩，尽可能减少损失。实际运用中的生产能力有多种不同的表达方式，包括制程设计产能、有效产能和可利用的产能等。在计算生产能力时，必须了解每条独立生产线的情况、每家独立工厂的生产水平以及整个生产系统的生产分配状况，一般可通过以下步骤来进行。

(1) 运用预测技术预测每条独立生产线产品的销售情况。

(2) 计算为满足需求所需投入的设备和劳动力数量。

(3) 合理配置可获得的设备和劳动力数量。

一个企业的生产能力取决于其主要车间或多数车间的生产能力综合平衡后的结果。一个车间的生产能力取决于其主要生产工段(生产单元)或大多数生产工段(生产单元)的生产能力综合平衡后的结果。一个生产工段(生产单元)的生产能力，则取决于该工段内主要设备或大多数设备的生产能力综合平衡后的结果。所以计算企业的生产能力，应从企业基层生产环节的生产能力算起，即从生产工段内各设备的生产能力算起。

制造单元的生产能力计算如下。

$$M_{设} = F_e \times S/t \tag{1.1}$$

式中，$M_{设}$ 为生产计划周期内设备的生产能力；S 为混流装配线内设备的数量；F_e 为混流装配线的单个制造单元的有效工作时间；t 为单位产品的工时定额。

混流装配线的生产能力计算如下。

$$M_{线} = F_e \times P \tag{1.2}$$

式中，$M_{线}$ 为计划生产周期内混流装配线的生产能力(件/年)；P 为生产周期内生产线的有效工作班数(班/年)。

2) 产品质量

混流制造系统中的产品质量是指产品满足规定需要和潜在需要的特征和特性的总和。对于混流制造系统的产品质量，不论个性化的特征如何，都应当用产品质量特性去描述。产品质量特性依产品的特点而异，表现的参数和指标也多种多样，反映用户使用需要的质量特性有六个方面，即性能、寿命、安全性、适应性、可靠性与维修性、经济性。有专家研究指出产品质量特性的含义广泛，它可以是技术的、经济的、社会的、心理的和生理的，一般来说，常把反映产品使用目的的各种技术经济参数作为质量特性。广义上的产品质量是指国家的有关法规、质量标准以及合同规定的对产品适用、安全和其他特性的要求。本书的研究对象仅针对混流制造系统的产品质量，并用系统遭受外部干扰和破坏后导致产品质量的下降来衡量系统的脆弱性。

3) 周期时间

节拍时间是反映生产线或生产设备响应客户需求生产所耗费的时间，在实际生产过程中，节拍时间只是一个指导值。不同工作站的节奏不可能完全相同，它们之间的节拍有差异，操作人员也有熟手和生手的差别，此时，生产线上考虑更多的是另外一个新概念，即周期时间，指混流装配线完成整个产品加工过程所需要的实际时间。

如果某条混流装配线的节拍时间 50 秒/台，那么以这个速度生产，一个工作日按 8 个小时计算，则这条生产线班产量为 576 个，如果客户需求是 10000，交货期为 10 天，则每天需要生产 1000 个，生产线正常的生产周期满足不了交货期，就需要增加混流制造系统的产能。而缩短节拍时间或者延长生产周期均可以增加产能，但生产线的节拍时间通常固定，延长生产周期的方式则成为最常采用的方法，比如加班。由此可见，如果周期时间与生产线的节拍时间冲突，如何提高生产线的效率、减少客户等待时间，是节拍时间研究的关键。因此，在系统的脆弱性评估中，也需要考虑到系统受到各种内外干扰破坏、系统产能下降导致的产能脆弱性，只有协调好系统实际生产与预期的客户需求，才能更好地完成客户需求。

4）功能评估指标分析

混流制造系统的生产率与交货期所表现的波动性通常是由于系统内外干扰和破坏导致的制造单元、工作站或子系统等的脆弱性引起的，单元、工作站等的失效、故障、停机都会引起系统生产率下降与交货期延长。

图 1.5 为产能与时间的函数关系，如果把产能和需求用时间函数来描述，则混流制造系统的设计产能可以用一条直线表示，客户需求虽然会随着时间变化产生波动，但为了理解方便，在固定时间内可以用它的平均值来代替，因此也可以用一条直线来表示。实际产能代表混流制造系统在实际生产运作过程中能够生产的最大产能，但由于设备、单元、工作站等存在各种内外干扰和破坏、系统性能产生波动，加之不同工人的操作能力存在差异，系统的实际产能会发生波动。假设系统在正常运行时的产能代表生产合格产品的运行产能，时间 t 代表交货日期，则可分别定义产能、交货期和质量的可靠性，具体如下。

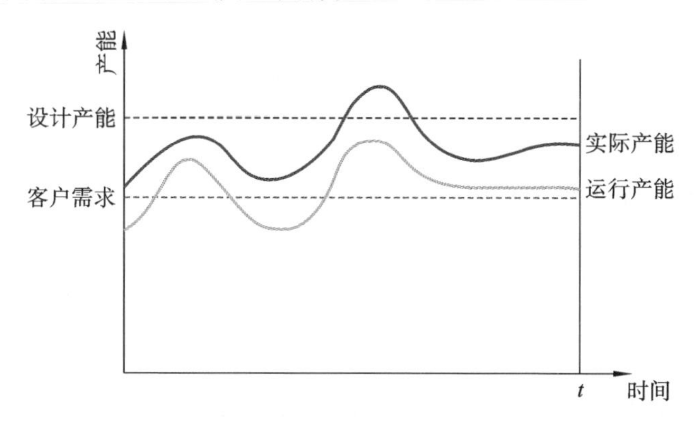

图 1.5　产能与时间的函数关系

产能可靠性指实际产能满足设计产能的能力，其概率即为产能可靠度。计算式如下。

$$R_{\mathrm{P}} = P_{\mathrm{r}}\left(\int_{n}^{t} P(t_1) \geqslant \int_{n}^{t} P(t)\right) \tag{1.3}$$

式中，$P(t_1)$为实际产能；$P(t)$为设计产能。

质量可靠性指系统生产合格产品的能力，其概率即为质量可靠度。计算式如下。

$$R_{\mathrm{Q}} = \int_{0}^{t} P(t_2) \Big/ \int_{0}^{t} P(t_1) \tag{1.4}$$

式中，$P(t_2)$为运行产能。

交货期可靠性指系统按期交货的能力，其概率即为交期可靠度。计算式如下。

$$R_{\mathrm{D}} = P_{\mathrm{r}}\left(\int_{0}^{t} P(t_2) \geqslant \int_{n}^{t} P(t)\right) \tag{1.5}$$

由此可知，交货期与产能在可靠性概念上存在重合的地方，二者无本质区别，但从功能的角度分析，这种方式有存在的意义，因为它包含生产能力与生产需求的两个不同层面，阐述了产能、质量与交货期三个功能指标，是一种功能指标的解耦过程。其中，交货期可靠性的包涵能力最强。

1.7 小　　结

本章对混流制造系统的概念、内涵、结构等进行了较为详细的阐述，为后续的混流制造系统脆弱性分析应用界定了分析对象和研究范围。本章首先对混流制造系统概念内涵和结构进行了初步探讨，分析混流制造系统的起源与发展，应用场合，结构的组成、具有的特点等，为本书后续的混流制造系统脆弱性及其应用研究界定了研究对象；其次对混流制造系统性能指标进行了阐述和分析，得到混流制造系统的生产能力、产品质量、周期时间三个最重要的功能指标，并对它们进行解耦分析，指出包涵能力最强的是交期可靠性指标。

参考文献

[1] 许向川，晋爱琴，肖红菊，等. 基于 Flexsim 的混流生产线系统仿真分析[J]. 大连交通大学学报，2021，42(1)：75-78+115.

[2] 王国华. 混流制造系统下双产品配送策略优化研究[D]. 北京：北京交通大学，2018.

[3] 陈慧宇. 两级混流生产系统计划与调度集成优化研究[D]. 沈阳：东北大学，2015.

[4] 孔继利，贾国柱. 一类多品种小批量混流制造系统作业组织模式与工件排序[J]. 计算机集成制造系统，2015，21(4)：981-991.

[5] 孔继利，贾国柱. 考虑搬运时间的多品种、小批量混流制造系统批量加工模式的优化与资源调度[J]. 系统工程理论与实践，2014，34(11)：2801-2807.

[6] 魏麒，吴用，蒋义伟，等. MapReduce 系统中的两阶段混合流水作业调度算法

[J]. 系统工程理论与实践,2020,40(5):1255-1265.

[7] 唐昊,李博川,王彬,等. 两类品种工件混流的多站点 CSPS 系统优化控制[J]. 控制与决策,2017,32(9):1614-1620.

[8] 李静,高华钰,沈南燕,等. 面向机床精密主轴加工过程的混合流水生产线分批调度研究[J]. 机械工程学报,2021,57(5):185-195.

[9] 刘晋飞,李杰林,马学明,等. 基于平均停歇时间的多品种混流生产线智能排序策略[J]. 同济大学学报(自然科学版),2020,48(11):1676-1686.

[10] 杨晓英,王金宇. 面向智能制造混流生产的供应链物流协同策略[J]. 计算机集成制造系统,2020,26(10):2877-2888.

[11] 赵晓飞,郭秀萍. 阻塞混流生产机器人制造单元调度问题可行解性质研究[J]. 运筹与管理,2019,28(7):187-191.

[12] 卜华白. 企业脆弱性管理[J]. 企业管理,2009(8):92-94.

第2章　混流制造系统脆弱性研究概述

【核心内容】

脆弱性是系统安全管理的核心问题。本章在层次网络模型、信息熵理论、多维矢量空间建模、性能评价进程代数等最新研究成果的基础上，对混流制造系统脆弱性的激发因素、综合评价、扩散机理等问题进行研究。

(1) 对国内外脆弱性研究进行综述，分析国内外系统脆弱性研究的进展和混流制造系统脆弱性研究的不足，为后续的脆弱性分析提供切入点。

(2) 综述混流制造系统脆弱性研究的研究内容、各内容的切入点和关注点。

(3) 初步建立ISM-DEMATEL-ANP脆弱性激发因素递阶层次网络模型，分析激发因素之间的相互关系，探究脆弱性的激发机制。

(4) 分析混流制造系统的单元、结构、功能和过程等各种层次的脆弱性，阐述了应该建立多维矢量空间综合评估模型对它们进行综合评价。

(5) 探讨基于性能评价进程代数的脆弱性扩散与传播模型，对单元内节点间、单元间故障传播和单元间状态迁移等引起的脆弱性扩散与传播现象进行分析、判断，探索脆弱性的扩散机理。

2.1　混流制造系统脆弱性研究背景

随着柔性生产、JIT生产、精益制造等先进的生产模式在装配线和流程生产中的成功应用，传统的大批量、专业化的生产线逐渐向多品种、小批量的柔性生产线转变。混流制造是1999年由Randy Nauta提出，它被定义为一条生产线(或一个生产单元)在不做特别改变或只需稍加调整后就可生产多种不同型号和不同数量比例的相似性产品。它是传统丰田模式的改进，适用于多个产品品种的混合装配或流水作业。然而，随着客户需求的多样化和制造技术的发展，现代混流制造系统的模式也在不断变化，这种模式和传统丰田模式的最大区别是制造过程中产品种类、规模变化更加频繁，工艺路线差别更大，生产过程中产品的切换，生产组织和作业调整等都更加复杂，系统的柔性更大，传统的混流制造的概念在此基础上进行了扩展。因此，结合现代生产系统的发展，混流制造系统的定义如下：混流制造系统是指在稍微调整或改善之后就可生产多种不同型号和数量的相似或相近产品的制造系统。与传统的混流制造系统不同的是，现代混流制造系统强调制造系统的调整和改进。

混流制造系统与传统的按设备类型布局车间(产品的工艺路线、种类、批次、数量等的固定，维持较高的在制品库存和训练熟练的操作员工等以减少生产故障、保证生产流畅)的做法不同，它通过对设备的柔性布局、设计柔性的工艺路线、以订单拉动生产、采用JIT原理减少在制品库存等做法使系统能快速地对市场变化做出及时的反应。尽管混流制造系统在设备布局、工艺路线和库存等不同方面对传统的生产模式进行了改进和提高，但在多品种小批量的生产模式下，混流制造系统必然进行不断调整以适应变化的市场需求。因此，混流制造系统不可能保持长期的稳定，制造单元或设备的布局变化、工艺流程的调整和物料配送路径的变更在所难免，如何在原有的生产模式上，对它们进行合理的布局优化、流程整合和物料配送路径优化，以降低系统的成本和提高系统的生产效率，这才是本书研究的目标与关键。

2.2　混流制造系统脆弱性研究意义

混流制造系统是一个具有复杂结构和复杂动态行为的系统，它由制造单元、装配系统、测试单元、物料配送单元以及各类人员和管理信息系统等按照不同的结构形式构成。以汽车混流制造系统为例，吉利ECR系列整车总装配线工位超过200个，涉及近千种车型配置、上万种物料的混流生产。混流制造系统规模庞大，各子系统及各单元节点之间的关联、耦合和互斥等关系复杂，任何一个单元或子系统出现故障或偶发安全事故，均可能导致整个系统出现故障甚至造成恶劣的社会影响，例如丰田发言人Goss曾表示丰田的Sequoia SUV随时面临系统故障而停产的风险；法拉利安全气囊装配错误导致部分车辆全球召回。

混流制造系统生产运行中容易受到各种有意或无意的干扰和破坏，导致系统的产能下降。引起产能下降的另一个重要原因就是系统的脆弱性导致的性能下降。脆弱性是复杂系统的固有属性，指系统组成要素故障或受攻击后系统整体功能的损失程度，是系统应对风险、故障时的敏感性与抗干扰能力。制造单元受到各种扰动因素均会引起其性能衰退而不能完成正常的工作，甚至造成系统故障，这种特征称为制造系统的脆弱性。对于结构复杂、价格高昂的混流制造系统，分析、评估系统的脆弱性，掌握系统脆弱性的扩散机理，预防、减少或避免系统出现故障，是保障系统安全运行的关键。

随着混流制造系统的集成化、高柔性、高精度、智能化发展，系统内部各设备、单元、子系统间的关系更加复杂，脆弱性激发因素的构成、种类增多，激发因素之间的不确定性、复杂性增大。同时，混流制造系统的设备、单元、子系统间存在不同性质、种类的脆弱性，它们具有不同的层次、维度，对风险、故障具有不同的敏感性。由于物联网、大数据等技术引入，混流制造系统的设备、单元、子系统之间的相互依存关系变得越发复杂与紧密，故障传播的不确定性、故障的危害性变得更大。

因此，开展混流制造系统的脆弱性演化机理及其应用研究，分析各种脆弱性激发因素的相互关系和对系统脆弱性的影响，综合评估混流制造系统各种结构、功能、过程脆弱性，探究脆弱性的扩散机理与传播路径，对加强系统的安全防护，提升系统稳健性具有重要的理论研究意义。

2.3 混流制造系统脆弱性发展现状分析

国内外在系统脆弱性研究中已取得了许多成果，所涉及的理论与方法包括：①脆弱性的理论研究；②脆弱性评估理论及方法；③脆弱性扩散与传播；④制造系统脆弱性研究。

1）脆弱性的理论研究

脆弱性概念的普适性很强，自然界中所有的研究对象均可能存在程度不同的脆弱性，如资源脆弱性、区域脆弱性、运行体系脆弱性等，它已经成为系统安全领域不可或缺的部分。

脆弱性在不同研究领域所研究的对象不同，侧重点也不一样。社会学研究人员认为脆弱性应该从政治、经济和社会关系入手，如澳大利亚紧急事务管理部将脆弱性定义为系统应对环境、人群等各种风险的易感性和恢复力；美国桑迪亚国家实验室(Sandia National Laboratories)将设施安全薄弱环节易受攻击性定义为脆弱性；国际减灾策略委员会(International Strategy for Disaster Reduction)则将脆弱性定义为社会中人类活动受到灾害的影响状态和自我保护程度；Baker 将脆弱性定义为系统应对环境危害时的易感性和存活性；Kumpulainen 将脆弱性定义为人或集体在应对自然灾害或事故的恢复能力；Epstein 认为脆弱性是个体或群体遇到威胁和不利影响的可能性；Barabasi 认为脆弱性是人们面对不利损失而无法采取有效措施的一种无能状态，是一种感知灾害能力的函数。而自然科学领域的专家则认为脆弱性研究应该从外部干扰入手，如周劲松认为生态系统的脆弱性是系统缺乏从干扰后的演化状态恢复如初的能力；季闯等认为脆弱性是系统组成要素在一定策略下发生故障后系统整体功能的损失程度；张旺勋等认为复杂系统的脆弱性是系统容易受到攻击或容易被破坏的趋势。概括来讲，脆弱性表明系统内部存在不稳定性因素，遇到干扰或发生故障时，系统性能容易发生改变，系统功能发生损失。

2）脆弱性评估理论及方法

脆弱性评估理论及方法也因领域与学科不同而存在差异。杨洪路把计算机领域的脆弱性评估分为需求分析、方案制定、实施评估、补救加固和验证审核五个阶段；生态环境系统的脆弱性评估指标的选择直接影响到评估结果的精确性，指标体系的选择与建立非常关键；灾害系统的脆弱性评估常采用模糊综合评判法或层次分析法，通过分析灾害形成因素对承灾体性能的影响，判断系统的灾害脆弱性水平；地下水系统的脆弱性评估方法通常利用CIS技术和其他专业软件，借助模糊数学和指标加权等方法进行评估；电力系统脆弱性评估通常从其结构脆弱性和物理脆弱性两方面入手，利用基尔霍夫电压、电流定律建立相应的数学模型，分析其综合介数，用以评估其脆弱性；地铁系统的脆弱性评估通常从其组元脆弱性、网络结构脆弱性和社会功能脆弱性等方面，建立不同的评估模型，采取不同的评估方法；供应链的脆弱性评估通过建立复杂网络模型，分析网络模型的结构特征进而对其脆弱性进行评估。当然，还有其他领域的脆弱性评估方法，如金融系统、公交网络、工业控制系统等所采取的脆弱性评估方法虽有细微差异，但基本原理和方法与上述所列出的各种评估方法类似。

3）脆弱性扩散与传播

脆弱性的扩散与传播研究主要集中于软件开发与系统测试领域。Neuhaus等利用数据挖掘软件分析Mozilla系统的脆弱节点数据库，把脆弱节点映射到组件上来预测脆弱性的发展；Hiller等则讨论了软件关联模块之间脆弱节点的扩散行为，提出了脆弱节点检查与恢复的定位方法；Ozment通过分析OpenBSD系统8年的脆弱性数据，总结了系统脆弱性的演化规律。De等基于多跳广播协议，分析了无线传感网络的脆弱性扩散问题，讨论了动作变迁率、可恢复性、可连接性等网络性能对脆弱性传播过程的影响；Feng等利用贝叶斯网络模拟风险因子，利用蚁群算法分析脆弱性的传播路径；Agrawal等提出了一种脆弱性比率的方法，采用脆弱性树，测量属性脆弱性比率，用以解决软件中脆弱节点在新旧代码之间的传播问题。

4）制造系统脆弱性研究

目前制造系统脆弱性的研究相对较少，Albino和Garavelli等在1995年研究精益生产的时候就指出企业间的不确定性会影响生产系统，并以生产系统敏感性为度量目标，建立了生产系统未完成需求的脆弱性分析模型和评估方法；Nof和Morel等指出企业面临的诸多挑战如管理复杂、异地市场、运营拓展、协作机制等引起的不确定性会给整个生产网络带来脆弱性的隐患；Christopher和Mckinnon等指出生产系统受到各种内外因素的影响会引起系统效能中断或瓦解，进而导致整个生产网络变得越发脆弱，基于风险传导理论建立的供应链系统脆弱性产生机理模型可以应对系统外部的各种干扰；基于风险分析的工具方法，Kócza和Bossche等建立了分析生产系统稳定性和脆弱性的IRAS平台；基于小世界模型，姜洪权等对复杂生产系统的脆弱性进行了分析评价，建立了基于复杂网络理论的生产故障传播模型，该系统用于分析复杂机电系统、流程性化工生产网络等；柳剑等研究了制造系统的脆性激发机理，并从人员、环境以及制造过程三个方面分析了系统脆弱性的产生机理和激发因素，用以评估系统的可靠性。

从上述脆弱性的国内外研究现状中可以发现：首先，混流制造系统的脆弱性研究非常少，不利于混流制造系统的健康管理，严重制约了混流制造系统的健康发展；其次，社会学中的脆弱性强调从政治、经济、环境等宏观方面评估系统在受到干扰、破坏时的自我恢复能力，而混流制造系统脆弱性考虑的是系统运行中受到的各种微观干扰因素；再次，自然科学领域内的供应链、交通、电力、工业控制系统、工业应用网络等领域虽然深入开展了脆弱性分析、评估等研究，但混流制造系统与其存在重大区别，这些现有的理论方法很难准确评估混流制造系统抗干扰、破坏的能力，无法对其脆弱性进行准确评估；最后，脆弱性扩散与传播研究虽然区分了脆弱节点类型，考虑了脆弱性在同类型脆弱节点之间的传播，但却仅限于软件领域，且没有考虑不同类型的脆弱节点之间的扩散与传播。此外，基于系统运行日志的脆弱性扩散分析方法缺少理论化推理，不利于系统脆弱性防治；基于系统整体层面的脆弱性扩散没有考虑脆弱性在不同类型的脆弱节点之间扩散的差异；引用于系统设计阶段的脆弱性扩散分析模型没有考虑不同脆弱性树之间的传播，其建立脆弱性树会面临状态空间爆炸问题。

综上所述，虽然国内外对复杂系统的脆弱性分析评价等方面进行了大量研究，但还存在以下三点需深入研究。

(1) 任务繁多、状态多变的混流制造系统在运行过程中所处的环境复杂、故障风险源多，因此，辨识系统脆弱性的各种脆弱性激发因素，明确其脆弱性激发机理，分析各种脆弱性激发因素之间的相互关系，为混流制造系统脆弱性的量化评估提供理论支撑是本书的研究重点之一。

(2) 混流制造系统存在单元脆弱性、结构脆弱性、功能脆弱性、过程脆弱性等不同的脆弱性表现形式，评估模型、评价方法、衡量尺度等相互关联、交织，具有高度的复杂性，如何将其统一起来，建立系统的多层次多维度脆弱性综合评估模型同样是本书的研究重点。

(3) 由于智能技术的应用而导致混流制造系统的脆弱节点增多，这些脆弱节点与各种制造资源发生频繁的动态连接，引起系统脆弱性的快速扩散。如何准确描述脆弱性在脆弱节点之间的传播，识别脆弱节点演化带来的脆弱性扩散过程，掌握系统的脆弱性扩散规律也是本书的研究重点。

2.4 混流制造系统脆弱性研究内容

混流制造系统脆弱性分析评估的研究内容主要包括混流制造系统脆弱性激发因素分析、脆弱性多层次多维度综合评价、脆弱性扩散机理与传播路径分析，混流制造系统脆弱性研究内容如图 2.1 所示。

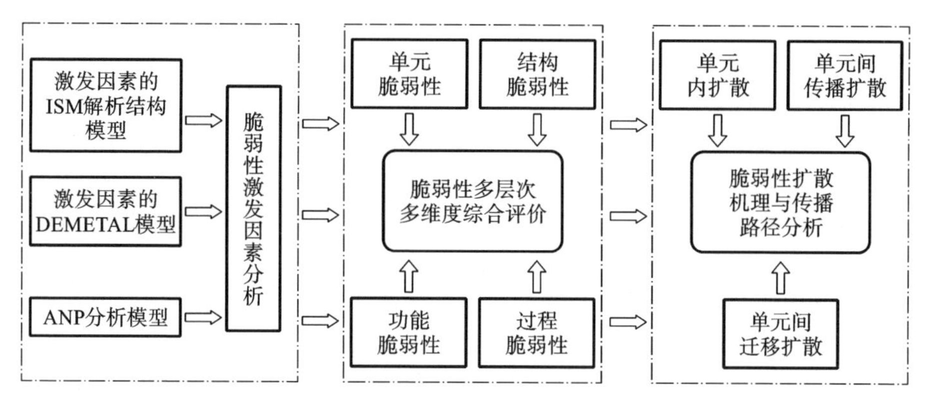

图 2.1　混流制造系数脆弱性研究内容

2.4.1　脆弱性激发因素分析

混流制造系统脆弱性激发因素分析拟采取如图 2.2 所示的技术路线，通过融合 ISM、DEMATEL 与 ANP 方法的要点，建立混流制造系统脆弱性激发因素递阶层次网络模型，对混流制造系统的脆弱性激发因素进行综合分析。

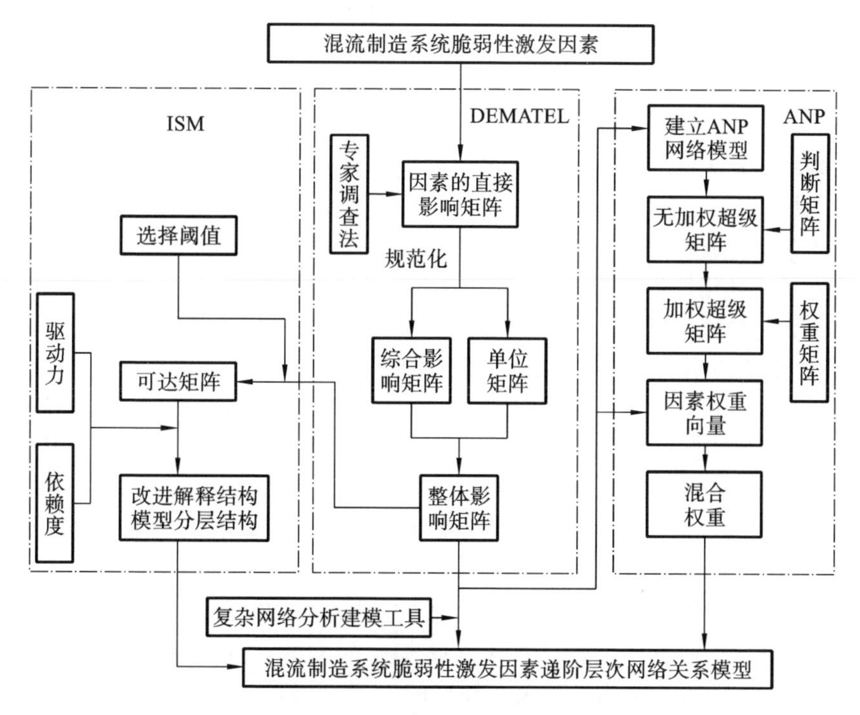

图 2.2　混流制造系统脆弱性激发因素分析技术路线

分析混流制造系统众多脆弱性影响因素，对其进行归类，主要有变量型因素（工作载荷等）、符号型因素（加工任务、工件材料、加工任务因素等）、开关型因素

（设备故障、灾害等）和程度型因素（疲劳、经验等）。并尽量把程度型和符号型因素转化为开关型或变量型因素。

分析混流制造系统内各个脆弱性要素之间的关联顺序，并通过量化方式建立脆弱性影响因素与性能劣化之间的ISM解析结构模型；利用DEMATEL方法建立脆弱性影响因素与设备、系统功能之间的复杂因果关系结构模型，分析各种脆弱性影响因素之间的影响程度，建立这些因素之间的标准化直接关系矩阵，进而计算它们的中心度和关系度，编制原因-结果图。

通过分析脆弱性影响因素之间的依存与反馈关系，判断比较得到判断矩阵，以因素之间的依存为准则，构造脆弱性激发因素的超矩阵，再利用ANP法得到各因素的权重。

整合ISM、DEMATEL和ANP方法，形成集成的脆弱性激发因素递阶层次网络关系模型，确定无加权超级矩阵、加权超级矩阵，求解极限矩阵得到脆弱性激发因素的权重值。利用复杂网络分析软件Pajek绘制混流制造系统脆弱性激发因素关系权重的关系网络图，其中激发因素的层级结构用纵轴标识，激发因素的重要性用圆圈标识，因素之间影响的大小则用连接线条的粗细标识。

根据层次网络关系图，分析各种脆弱性激发因素之间的层次关系（驱动性因素、独立性因素、依赖性因素等）和它们之间的重要性（主要因素、次要因素等）以及与系统脆弱性的关系等。

2.4.2 脆弱性多层次多维度综合评价

混流制造系统的脆弱性多层次多维度综合评价研究内容包括：分析单元的各种状态，明确单元状态转换过程，提炼单元脆弱性评估指标体系，基于状态熵原理建立制造单元脆弱性评估模型；分析混流制造系统结构脆弱性的构成因素，建立系统结构脆弱性量化评估模型，评估混流制造系统结构脆弱性；研究混流制造系统功能评价参数与功能劣化过程的模糊集映射关系，建立系统的功能脆弱性量化评估模型，评价系统的功能脆弱性；研究混流制造系统过程动态脆弱性产生的原理、构成因素和评估指标，建立过程动态脆弱性的量化评估模型，评价系统的过程动态脆弱性；研究混流制造系统单元脆弱性、结构脆弱性、功能脆弱性、过程动态脆弱之间的关系，建立多层次多维度脆弱性综合评价模型。

利用复杂网格空间理论建立混流制造系统脆弱性的多层次多维度空间综合评价模型，步骤如下。

(1) 建立多维度矢量空间脆弱性信息量模型。令 $\boldsymbol{X}_n=\{x_1,x_2,\cdots,x_i,\cdots,x_n\}$ $(x_i,i=1,2,3,\cdots,n)\rightarrow\boldsymbol{H}^n$，$x_i\in\boldsymbol{H}^n$ 表示 H 熵空间上的 n 维矢量空间，在这多维矢量空间，基于矢量间的欧几里得关系和功的原理，得到任意分量 w_i 在该空间中的能量方程式，如式(2.1)所示。

$$w_i=x_{in}\sqrt{\|\vec{\boldsymbol{F}}\|^2-x_{in}^2}=x_{in}\sqrt{x_1^2+x_2^2+\cdots+x_{i(n-1)}^2} \tag{2.1}$$

广义信息力 $\boldsymbol{F}$ 的能量信息量计算如式(2.2)所示。

$$\boldsymbol{W}=\sum_{i=1}^{n}\boldsymbol{X}_i=\sum_{i=1}^{n}x_{in}\sqrt{\|\vec{\boldsymbol{F}}\|^2-x_{in}^2} \tag{2.2}$$

(2) 建立基于复杂网格空间的多尺度评估模型。令 $\|\boldsymbol{w}_{ij}\|:w_i\to H$ 表示网格空间元素 $\boldsymbol{w}_{ij}$ 的长度，$\|\boldsymbol{w}_{ij}-\boldsymbol{w}_{i(j+1)}\|$ 表示 $\boldsymbol{w}_{ij}$ 到 $\boldsymbol{w}_{i(j+1)}$ 的距离，则基于网格空间理论，可得如式(2.3)所示 $\|\boldsymbol{w}_{ij}\|$ 的计算方式。

$$\|\boldsymbol{w}_{ij}\|=\left[\sum_{k=1}^{n_{ij}}(x_{ij}^k)^2\right]^{1/2},\quad \|\boldsymbol{w}_{ij}-\boldsymbol{w}_{i(j+1)}\|=\left[\sum_{k=1}^{n_{ij}}(x_{ij}^k-x_{i(j+1)}^k)^2\right]^{1/2} \tag{2.3}$$

(3) 建立 $\boldsymbol{W}_1\times\boldsymbol{W}_2\times\cdots\times\boldsymbol{W}_n$ 多维度脆弱性熵尺度空间，$\boldsymbol{W}_i$ 的维度为 n_i，设 $\boldsymbol{W}_1\times\boldsymbol{W}_2\times\cdots\times\boldsymbol{W}_n\to\boldsymbol{H}^n$ 上的任意 n 维张量为 $\boldsymbol{\phi}$，该张量也是网格空间 $\boldsymbol{H}$ 上的一个矢量空间，令 $\boldsymbol{W}_1\times\boldsymbol{W}_2\times\cdots\times\boldsymbol{W}_n$ 空间上的分量 $\boldsymbol{W}_i$ 的矢量构成的矩阵为 $\boldsymbol{B}_i$，则根据矢量空间原理，$\|\boldsymbol{\phi}\|=\|\boldsymbol{\phi}(\boldsymbol{W}_i)\|=\|\boldsymbol{B}_i\|$ 是张量的形式，表示脆弱性熵分量 $\boldsymbol{W}_i$ 的统一管理信息能的量值。

(4) 根据矢量空间距离公式，则 H 上尺度即任意 $\boldsymbol{W}_i$ 到 $\boldsymbol{W}_{i-1}$ 的距离 $\|\boldsymbol{\phi}(\boldsymbol{W}_i)-\boldsymbol{\phi}(\boldsymbol{W}_{i-1})\|=\|\boldsymbol{B}_i-\boldsymbol{B}_{i-1}\|$，它表示的分量 $\boldsymbol{W}_{i-1}$ 之后的分量 $\boldsymbol{W}_i$ 需要产生的全部脆弱性信息力的能量信息，根据功的原理，全部脆弱性张量的熵值即为混流制造系统的整体脆弱性能量信息，如式(2.4)所示。

$$\|\boldsymbol{W}\|_{\mathrm{E}}=\sum_{i=1}^{n}\|\boldsymbol{\phi}(\boldsymbol{W}_i-\boldsymbol{W}_{i-1})\|=\sum_{i=1}^{n}\|\boldsymbol{B}_i-\boldsymbol{B}_{i-1}\| \tag{2.4}$$

1) 单元脆弱性评估

通过分析制造单元的正常工作状态、脆弱性激发因素导致的各种性能劣化状态和完全故障状态，并假定各种状态之间可以相互转换。基于马尔科夫原理和状态熵理论，对制造单元的脆弱性进行评估，具体研究内容如下。

(1) 建立单元的状态转移方程。假设制造单元有 m 种工作状态，根据马尔科夫状态转移原理，绘制如图 2.3 所示的制造单元状态转移图，并用式(2.5)所示的微分方程组表示制造单元的多状态转移过程。

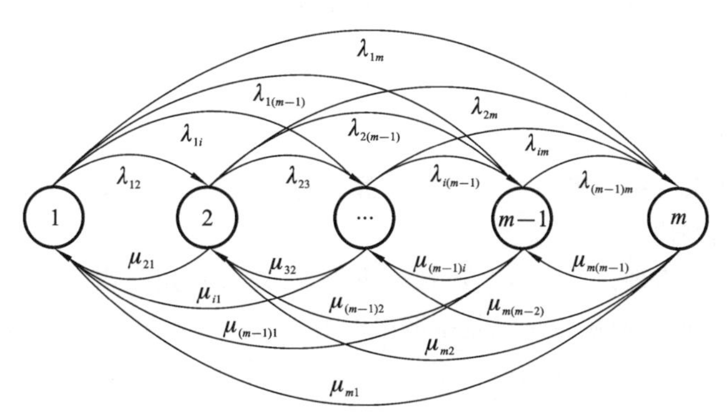

图 2.3 制造单元状态转移图

$$\begin{cases}\dfrac{\mathrm{d}p_1(t)}{\mathrm{d}t}=\sum\limits_{i=2}^{m-1}p_j(t)\mu_{j1}-p_1(t)\sum\limits_{j=2}^{m-1}\lambda_{1j}\\ \dfrac{\mathrm{d}p_2(t)}{\mathrm{d}t}=\sum\limits_{j=3}^{m-1}p_j(t)\mu_{i2}-p_2(t)\sum\limits_{j=3}^{m-1}\lambda_{2j}-p_2(t)\mu_{21}+p_1(t)\lambda_{12}\\ \qquad\vdots\\ \dfrac{\mathrm{d}p_l(t)}{\mathrm{d}t}=\sum\limits_{j=l+1}^{m-1}p_j(t)\mu_{jl}-p_l(t)\left(\sum\limits_{j=1}^{m-1}\lambda_{lj}+\sum\limits_{j=1}^{l-1}\mu_{lj}\right)+\sum\limits_{j=1}^{l-1}p_j(t)\lambda_{jl}\\ \qquad\vdots\\ \dfrac{\mathrm{d}p_m(t)}{\mathrm{d}t}=\sum\limits_{j=2}^{m-1}p_j(t)\lambda_{mj}-p_m(t)\sum\limits_{j=2}^{m-1}\mu_{jm}\end{cases} \tag{2.5}$$

式中，$j=2,3,\cdots,m$；$l=2,3,\cdots,m-1$；$\sum\limits_{j=1}^{m}p_j(t)=1$。

（2）求解制造单元的状态转移方程，得到制造单元各种状态的概率值。定义制造单元 M_i 脆弱性的两个临界状态分别为 V_{i1} 和 V_{i2}，其中 V_{i1} 表示制造单元脱离正常运行范围时的脆弱性，V_{i2} 表示制造单元完全故障时的脆弱性。基于信息熵的原理得到 V_{i1} 和 V_{i2} 的计算公式分别如式(2.6)和式(2.7)所示。

$$V_{i1}=-P_i(1)\ln P_i(1) \tag{2.6}$$

$$V_{i2}=-\sum_{j=1}^{m}P_i(j)\ln P_i(j) \tag{2.7}$$

（3）计算制造单元 M_i 的脆弱性 V_i 为衡量单元结构遭遇干扰和破坏时脆弱性程度大小的指标，用于对不同制造单元脆弱性的单位统一化，从而对制造单元脆弱性进行衡量。计算公式如式(2.8)所示。

$$V_i=\begin{cases}0 & V_{ir}<V_{i1}\\ \dfrac{V_{ir}-V_{i1}}{V_{i2}-V_{i1}} & V_{i1}\leqslant V_{ir}\leqslant V_{i2}\\ 1 & V_{ir}>V_{i2}\end{cases} \tag{2.8}$$

式中，V_{ir} 为任意 t 时刻制造单元 M_i 所处状态 r 时的脆弱性熵值，$r\leqslant m$，且 $V_{ir}=\sum\limits_{j=1}^{r}P_i(j)\ln P_i(j)$。

2）结构脆弱性评估

混流制造系统结构脆弱性是系统的静态脆弱性，可采用复杂网络理论对其进行具体的量化评估。

利用复杂网络理论对混流制造系统进行梳理归纳，定义混流制造系统复杂网络的相关概念，如混流制造系统复杂网络的节点、边、局域世界、网络生长等相关概念，建立混流制造系统复杂网络模型。令 i,j 表示网络的节点，k_i 表示节点 i 的度，$e_{i,j}$ 为连接两节点的边。

基于混流制造系统复杂网络模型，计算网络节点重要度，即通过定义由节点度

中心性 $C_D(k_i)$、介数中心性 $C_B(k_i)$和紧密度中心性 $C_X(k_i)$加权聚合得到的重要度值为节点重要度 $W(k_i)$，如式(2.9)与式(2.10)所示。

$$W(k_i)=\frac{w(k_i)}{\max\{w(k_i)\}} \tag{2.9}$$

$$w(k_i)=\frac{C_B(k_i)}{\max\{C_B(k_i)\}}+\frac{C_D(k_i)}{\max\{C_D(k_i)\}}+\frac{C_X(k_i)}{\max\{C_X(k_i)\}} \tag{2.10}$$

计算混流制造系统复杂网络的边重要度，可以通过计算边的介数中心性 $C_B(e_{i,j})$，然后将归一化处理后的值定义为边重要度 $W(e_{i,j})$，如式(2.11)所示。

$$W(e_{i,j})=\frac{C_B(e_{i,j})}{\max\{C_B(e_{i,j})\}} \tag{2.11}$$

计算混流制造系统网络拓扑结构脆弱性，可通过计算混流制造系统网络中脆弱节点的重要度之和与所有节点和边的重要度之和的比值实现，如式(2.12)所示。

$$V_{sT}=\frac{\sum_{l=1}^{N_o}W(\mathrm{ok}_l)}{\sum_{i=1}^{N}W(k_i)+\sum_{i\neq j,i,j=1}^{N}W(e_{i,j})} \tag{2.12}$$

式中，$\sum_{l=1}^{N_o}W(\mathrm{ok}_l)$ 为系统中所有脆弱节点的重要度之和；$\sum_{i=1}^{N}W(k_i)$ 为所有节点的重要度之和；$\sum_{i\neq j,i,j=1}^{N}W(e_{i,j})$ 为所有边的重要度之和。

3）功能脆弱性评估

混流制造系统的功能脆弱性评估采取如下的基于网络功效指标的评价方法，具体的评价方法如下。

(1) 建立混流制造系统网络 G 的功效性评估指标，计算公示如式(2.13)所示。

$$E(G)=\frac{1}{n(n-1)}\sum_{i,j\in G,i\neq j}\frac{1}{d_{ij}}\frac{\sum_{i\neq j,d_{ij}\neq 0}S_{ij}}{\sum_{i\neq j}S_{ij}} \tag{2.13}$$

式中，S_{ij} 为节点 i,j 间的业务(混流制造系统网络节点间业务主要考虑节点间的物流、信息流关系)；d_{ij} 为最短路径；$\sum_{i\neq j}S_{ij}$ 为其节点间的业务总量；$\sum_{i\neq j,d_{ij}\neq 0}S_{ij}$ 为当前网络正在传输的业务总量。

(2) 基于功效性评估指标，计算混流制造系统网络不同情况下的功效性指标值。系统的功效性指标值随着发生故障的节点或边的数目增多而下降，系统瘫痪时功效性指标值为0，令 $E(0)$ 表示系统正常时的功效性指标值，$E(1)$ 表示一个节点(或边)发生故障时的功效性指标平均值，以此类推，$E(n_o)=0$ 表示有 n_o 个节点发生故障时系统瘫痪。

(3) 基于功效性指标，定义混流制造系统网络受到干扰、故障后的网络性能下降测度为混流制造系统的功能脆弱性 V_{sA}，具体计算如式(2.14)所示。

$$V_{sA}=\frac{\sum_{n_o=1}^{N_o}E(n_o)}{N_oE(0)} \tag{2.14}$$

2.4.3 脆弱性扩散机理与传播路径分析

(1) 分析混流制造系统内设备、单元之间的物理连接方式，研究单元内脆弱性的扩散机制和传播机理。

(2) 研究混流制造系统单元脆弱性、结构脆弱性、过程脆弱性的激发机制，建立混流制造系统单元内、单元间的脆弱性扩散模型，分析其传播过程。

(3) 研究给定风险、故障激发条件下混流制造系统脆弱性的最短激发路径；研究不确定风险、故障下系统脆弱性的传递模式，预防、减少连锁故障的发生。

在理论研究的基础上，开发混流制造系统脆弱性综合评估原型系统，利用典型的混流制造系统，如发动机装配系统、汽车混流制造系统，进行脆弱性的激发因素分析、综合评估及扩散机理与传播路径的科学实践，探索研究结果的科学性，并加以改进。

2.5 混流制造系统脆弱性分析目标

混流制造系统脆弱性分析应以工程应用需求为驱动，以混流制造系统的脆弱性为具体研究对象，开展脆弱性激发因素递阶层次网络建模，单元脆弱性、结构脆弱性、功能脆弱性、过程脆弱性量化评估和整体脆弱性的多层次多维度综合评价、脆弱性扩散机理与传播路径以及脆弱性分析评价原型系统开发等方面的研究。在理论上，融合复杂网络理论、熵原理、多维空间理论、形式化语言等最新研究成果，对系统脆弱性的激发原理、评价体系、扩散机理进行深入探讨。在具体方法上，通过建立脆弱性激发因素递阶层次网络模型，分析激发因素的相互关系和脆弱性的激发原理；通过量化评价单元脆弱性、结构脆弱性、功能脆弱性和过程脆弱性，借助于多维度空间的概念，建立脆弱性的多层次多维度空间综合评价模型，综合评估系统的脆弱性；通过性能评价进程代数语言知识，对脆弱性进行语义描述，建立逻辑规则，分析脆弱性的扩散机理与传播路径，建立扩散评估指标。将研究成果用于指导工程实践，为混流制造系统的安全监控提供理论基础和技术保障。

2.6 混流制造系统脆弱性分析

2.6.1 故障模式与脆弱性之间的关系

根据故障传递理论的基本原理可知，当系统中的某个单元或子系统发生故障时，附件其他单元或子系统容易发生连锁故障，即某个设备或单元上发生的故障往往会导致单元内其他设备或系统内其他单元发生故障。因此，在混流制造系统的故障原因分析时，设备故障模式和设备、单元之间的结构均需要进行仔细分析，以便找出故障之间的因果关系。

在混流制造系统的故障模式分析过程中，在对制造设备、单元或系统的故障原因及故障模式分析时，不仅需要分析设备、单元、子系统和系统等不同级别间故障模式的差异，还需要分析它们之间的内在关系，比如设备故障与单元故障之间是否存在因果关系。图2.4列出了混流制造系统的故障原因、故障模式以及脆弱性因素的关系图。脆弱性因素分析是混流制造系统保持健康状态的主要手段，具体将在后续的章节中详细讨论。

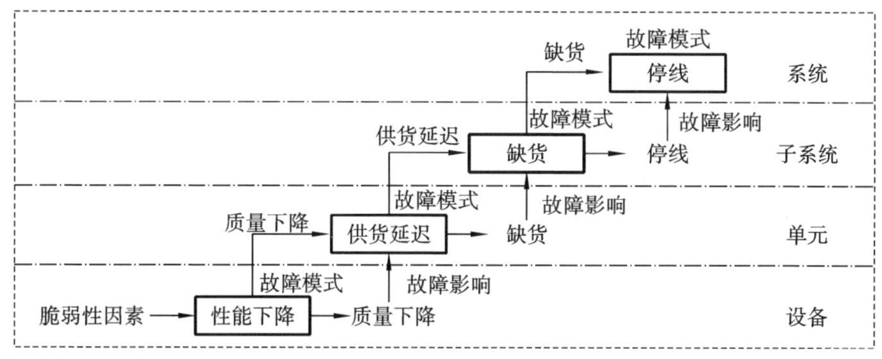

图2.4　故障原因、故障模式与脆弱性因素的关系图

同时，利用管理学领域中因素分析时常用的“人、机、料、法、环”方法，对混流制造系统脆弱性因素进行初步分析，得到如图2.5所示的混流制造系统脆弱性影响因素鱼骨图，为下一步的脆弱性评估与预防提供支撑。

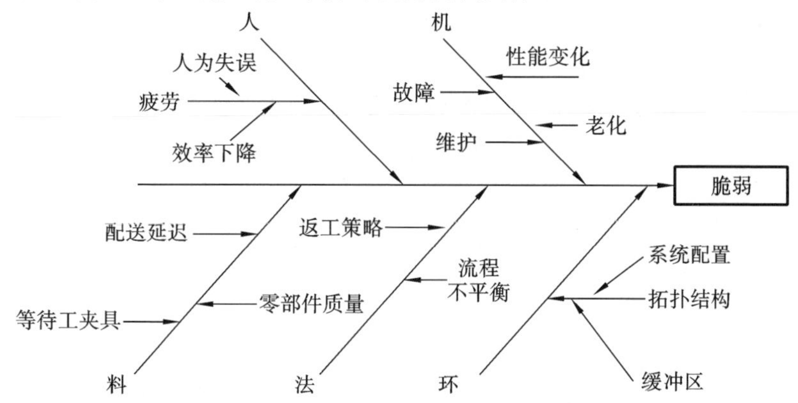

图2.5　混流制造系统脆弱性影响因素鱼骨图

2.6.2　故障模式与脆弱性关联分析

混流制造系统的故障模式一般根据系统发生故障时的现象来区分。由于受生产现场的加工制造条件限制，观测到的故障现象有设备、单元或系统的，如系统级的生产线停线；也可能是某一制造单元，如加工中心的产品质量异常；也可能是某一具体的制造设备，如数控车床刀具断裂、物料传输线异常等。但是，不同层次之间的故障模式之间存在因果的关系，在进行脆弱性分析时必须厘清。

混流制造系统常见的故障模式很多，三种最常见的故障模式如下。

1）停线

混流制造系统的停机指整个系统处于停止状态，与通常所说设备停机存在区别，设备停机可能导致系统停线。停线泛指混流生产线由于各种原因不能正常运行，处于停止或等待状态而导致的一种混流制造系统故障模式。因而，停线会导致制造能力下降、生产周期延长。

2）不均衡

不均衡是针对混流制造系统的均衡性提出的，它反映的是混流制造系统的一种时间特性，特指混流制造系统生产时间上的不平衡。混流制造系统不均衡的情况有以下两种。

（1）混流制造系统内部单元、子系统间制造周期的不均衡。

（2）混流制造系统内部各混装线、工作站时间的不均衡，即生产线不平衡。

第一种不均衡是由于混流制造系统各设备、单元的制造能力不匹配造成的，如某零件加工车间冲压零件的生产能力不足，生产周期过长，导致后续的焊装车间、总装车间的零部件供应不足，最终导致产品延期交货。若混流制造系统各设备单元之间的均衡性良好，则只需控制产品的生产周期就能满足客户的交货期。

第二种不均衡是混流制造系统中常出现的情况，即生产线存在节拍不平衡的情况，某工序节拍时间过长，产生瓶颈工序，影响生产线节拍，最终导致生产线的生产周期变长，产能下降。

3）检验失效

检验失效指混流制造系统的产品质量检验不合格，生产过程中或制造完成后的零部件、产成品出现质量不合格的一种故障模式。

综上，混流制造系统功能、故障模式与脆弱性因素之间的关系如图 2.6 所示。

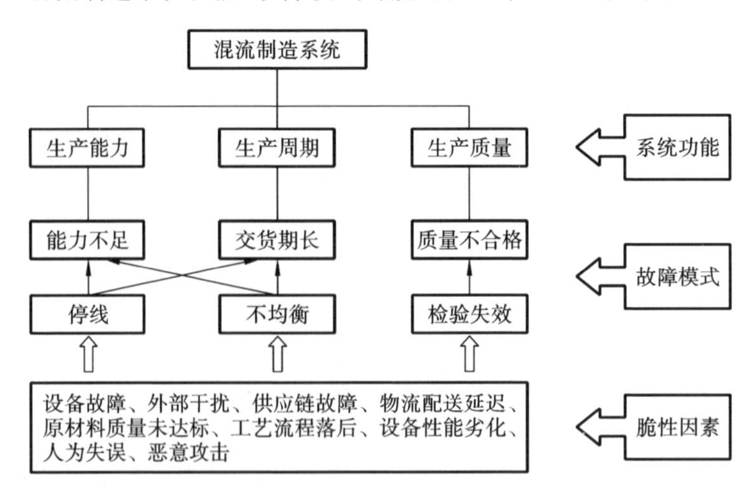

图 2.6 混流制造系统功能、故障模式与脆弱性因素之间的关系

2.7 小　结

本章在层次网络模型、信息熵理论、多维矢量空间建模、性能评价进程代数等理论分析的基础上，初步阐述了混流制造系统脆弱性的激发因素、综合评价、扩散机理等问题。具体如下。

（1）分析了脆弱性激发因素的层次网络模型、混流制造系统脆弱性激发因素的ISM-DEMATEL-ANP递阶层次网络模型，以及激发因素之间的相互关系，探究了脆弱性的激发机制。

（2）对于混流制造系统中存在的单元、结构、功能和过程等各种层次的脆弱性，阐明了它们的量化评估模型的构建原理，分析了整体脆弱程度评价的多维矢量空间综合评估模型的建立机制。

（3）论述了基于性能评价进程代数的脆弱性扩散与传播机理，对单元内节点间、单元间故障传播和单元间状态迁移等引起的脆弱性扩散与传播现象进行分析，判断和探索了脆弱性的扩散原理。

本章是对后续的脆弱性评估机理和应用的概括性阐述，也是复杂系统脆弱性相关理论和方法的丰富和发展，可为混流制造系统的安全管理提供新的思路和视角。

参考文献

[1] FUCHS S, BIRKMANN J, GLADE T. Vulnerability assessment in natural hazard and risk analysis: current approaches and future challenges[J]. Natural Hazards, 2012(64): 1969-1975.

[2] 高贵兵，岳文辉，张人龙. 基于状态熵的制造系统结构脆弱性评估方法[J]. 计算机集成制造系统，2017，23(10)：2211-2220.

[3] JENELIUS E, MATTSSON L G. Road network vulnerability analysis of area-covering disruptions: A grid-based approach with case study[J]. Transportation Research Part A: Policy and Practice, 2012, 46(5): 746-760.

[4] CHEN B Y, LAM W H K, SUMALEE A, et al. Vulnerability analysis for large-scale and congested road networks with demand uncertainty[J]. Transportation Research Part A: Policy and Practice, 2012, 46(3): 501-516.

[5] 顾林生，刘静坤. 澳大利亚城市灾害应急管理的新思维——基于9·11事件的经验[J]. 城市与减灾，2004(4)：17-20.

[6] 董琳. 美国联邦紧急事务管理局[J]. 中华灾害救援医学，2014，2(2)：54.

[7] BAKER G. A vulnerability assessment methodology for critical infrastructure sites[C]//DHS symposium: R&D partnerships in homeland

security. 2005.
[8] KUMPULAINEN S. Vulnerability concepts in hazard and risk assessment [J]. Special paper-geological survey of Finland,2006,23(42):145-158.
[9] EPSTEIN L G. Living with Risk[J]. Review of Economic Studies,2008,75(4):1121-1141.
[10] BARABASI A L,ALBERT R. Emergence of scaling in random networks [J]. Science,1999,286(5349):509-512.
[11] 周劲松. 山地生态系统的脆弱性与荒漠化[J]. 自然资源学报,1997(1):11-17.
[12] 季闯,黄伟,袁竞峰,等. 基础设施 PPP 项目脆弱性评估方法[J]. 系统工程理论与实践,2016,36(3):613-622.
[13] 张旺勋,李群,王维平. 体系安全性问题的特征、形式及本质分析[J]. 中国安全科学学报,2014,24(9):88-94.
[14] 杨洪路,刘海燕. 计算机脆弱性分类的研究[J]. 计算机工程与设计,2004,25(7):1143-1145.
[15] 韩刚,袁家冬,李恪旭. 兰州市城市脆弱性研究[J]. 干旱区资源与环境,2016,30(11):70-76.
[16] 石勇,许世远,石纯,等. 自然灾害脆弱性研究进展[J]. 自然灾害学报,2011,20(2):131-137.
[17] 都莎莎,王红旗,刘姝媛. 北方典型岩溶地下水脆弱性评价方法研究[J]. 环境科学与技术,2014,37(s1):471-475.
[18] 靳冰洁,张步涵,姚建国,等. 基于信息熵的大型电力系统元件脆弱性评估[J]. 电力系统自动化,2015,39(5):61-68.
[19] YU X, SINGH C. A practical approach for integrated power system vulnerability analysis with protection failures[J]. IEEE Transactions on Power Systems,2004,19(4):1811-1820.
[20] GEDIK R,MEDAL H,RAINWATER C,et al. Vulnerability assessment and re-routing of freight trains under disruptions: A coal supply chain network application[J]. Transportation Research Part E: Logistics & Transportation Review,2014(71):45-57.
[21] NEUHAUS S, ZIMMERMANN T, HOLLER C, et al. Predicting vulnerable software components[C]//Proceedings of the 14th ACM Conference on Computer and Communications Security. Virginia: DBLP, 2007:529-540.
[22] HILLER M,JHUMKA A,SURI N. EPIC: profiling the propagation and effect of data errors in software[J]. Computers IEEE Transactions on

Computer,2004,53(5):512-530.

[23] OZMENT A. Vulnerability discovery & software security[J]. IEEE Security & Privacy,2007,37(3):6.

[24] DE P,LIU Y,DAS S K. An epidemic theoretic framework for vulnerability analysis of broadcast protocols in wireless sensor networks[J]. IEEE Transactions on Mobile Computing,2008,8(3):413-425.

[25] AGRAWAL A, KHAN R A. Impact of inheritance on vulnerability propagation at design phase[J]. ACM SIGSOFT Software Engineering Notes,2009,34(4):1-5.

[26] AGRAWAL A,KHAN R A. A vulnerability metric for the design phase of object oriented software[M]//Contemporary Computing. Berlin:Springer, 2010:328-339.

[27] ALBINO V, GARAVELLI A C. A methodology for the vulnerability analysis of just-in-time production systems[J]. International Journal of Production Economics,1995,41(1-3):71-80.

[28] NOF S Y, MOREL G, MONOSTORI L, et al. From plant and logistics control to multi-enterprise collaboration[J]. Annual Reviews in Control. 2006,30(1):55-68.

[29] CHEMINOD M,BERTOLOTTI I C,DURANTE L,et al. On the analysis of vulnerability chains in industrial networks [C]//Proceedings of international workshop on factory communication systems. Torino:IEEE, 2008:215-224.

[30] KÓCZA G,BOSSCHE A. Application of the integrated reliability analysis system[J]. Reliability Engineering & System Safety. 1999,64(1):99-107.

[31] 姜洪权,高建民,陈富民,等. 基于复杂网络理论的流程工业系统安全性分析[J]. 西安交通大学学报,2007,41(7):806-810.

[32] 柳剑,张根保,李冬英,等. 基于脆性理论的多状态制造系统可靠性分析[J]. 计算机集成制造系统,2014,20(1):155-164.

第 2 部分　脆弱性分析评估

第3章 基于状态熵的脆弱性评估方法

【核心内容】

本章针对混流制造系统结构脆弱性难以量化评估的难题，在分析系统结构脆弱性成因的基础上，提出了一种基于马尔科夫过程和信息熵原理的混流制造系统结构脆弱性量化评估方法。

(1) 通过分析制造单元的各种工作状态，建立状态转移方程；定义制造单元临界脆弱性状态，利用信息熵原理计算制造单元的脆弱性，测算其脆弱性程度。

(2) 通过分析缓冲区的状态，定义缓冲区脆弱性，分析缓冲区状态及容量对系统结构脆弱性的影响。

(3) 通过简化系统状态，定义系统脆弱性的临界状态，基于单元脆弱性和信息熵原理对系统结构脆弱性进行量化评估。

(4) 利用制造单元的结构脆弱性，判断不同的制造单元在面对风险时的潜在威胁性的大小，为系统安全运行和监控提供支持。

(5) 通过混流制造系统结构脆弱性的具体评价表明该方法在量化评估系统脆弱性时具有较好的效果。

3.1 引 言

随着现代科学技术的进步与发展，混流制造系统通过互联网、物联网、通信、信息等技术将传统的加工、储运、运行监控等设备与现代智能设备融为一体，其构造实体众多，具有明显的层叠、异构、动态与脆弱等特征，其中系统的脆弱性更是制造系统在设计、实施与运行过程中必须重点考虑的内容之一。混流制造系统中的制造单元受到各种扰动因素后，均可能引起其性能衰退甚至不能完成正常的工作，从而造成系统故障甚至灾难，这种特征即称为制造系统的脆弱性。事故、灾难造成的破坏程度与系统的脆弱性有关，脆弱性具有放大灾害事故的作用，即如果系统结构上存在脆弱性，将使系统中发生的小事故行为变异、扩展甚至加速，增加系统损失，致使系统恢复困难。因此，对于结构复杂、价格高昂的混流制造系统，如何分析和评估系统的结构脆弱性，提高系统的安全性是避免系统故障造成巨大损失的重要保障，也是制造系统理论研究必须解决的关键问题。

脆弱性是系统的基本属性，随着系统的演化发展而变化，用来衡量系统受损的可能性和系统的抗干扰能力，系统脆弱性程度越高越容易受到破坏。系统脆弱性可理解为系统的某个子系统遭到足够大的外力打击崩溃时，系统中与该子系统存在物质交换和能量交换的其他子系统会因为它的崩溃而使它们原有的有序状态遭到破坏，进而导致系统性能衰退甚至崩溃。随着崩溃的子系统数量增多，层次扩大，最终将导致整个复杂系统整体性能衰退或崩溃。脆弱性也指系统应对环境变化或自然灾害时的敏感性与抗干扰能力。目前对于混流制造系统的脆弱性研究还处于初步阶段，对于混流制造系统脆弱性的产生机理和脆弱性程度的量化评估急需探索出适用的理论和有效的方法。

脆弱性的研究始于生态学和金融学，其后迅速扩展到其他领域。Jenelius 提出了由于暴雪、洪水等造成中断的路网脆弱性分析方法；Chen 等采用影响区域分析法分析拥挤道路的路网脆弱性；Doorman 等引入风险理论从电能短缺、容量短缺和系统故障三个方面评估系统供电能力的脆弱性；Agudelo 等针对电力系统潜在的“恐怖威胁问题”，利用二层规划与遗传算法找出电网中最脆弱的环节，以对电网进行安全监控；Li 等通过公共信息模型获取电网区域脆弱性参数，进而对电力系统进行脆弱性分析；Sheyner 等使用改进的模型检验器 NuSMV 来构建攻击图，并在攻击图的基础上，利用状态分布和 Markov 决策过程来计算攻击者成功完成攻击目标的最大平均概率；Wallnerstrom 等构造了分布式系统的脆弱性状态图，并利用可靠性理论对分布式系统的脆弱性进行分析和量化评估。通过查阅脆弱性相关资料发现，当前有关制造系统脆弱性的研究几乎没有，可靠性的研究比较多，柳剑等虽然研究了制造系统的脆弱性激发机理，并从人员、环境以及制造过程三个方面分析了脆弱性的产生机理和激发因素，但也只是用来评估系统的可靠性。但是上述公共安全、物流网络、电网、信息系统、道路交通网络和分布式系统等领域的脆弱性研究完善了复杂系统脆弱性的研究方法，对于制造系统脆弱性的分析研究具有重要的借鉴意义。

本章在国内外复杂系统脆弱性分析建模与评价的基础上，结合混流制造系统的性能多态性，利用状态转移方程分析了制造单元不同状态之间的转移概率，进而利用信息熵原理建立起系统结构脆弱性熵模型；从系统的角度评估混流制造系统的结构脆弱性程度，用以描述混流制造系统内部不同单元、系统各个层面之间的不确定性与风险程度，解决混流制造系统结构脆弱性量化评估的难题；应用该方法对某混流制造系统进行定量评价，从而使得理论上对混流制造系统结构脆弱性的研究更加精确，也使得本研究更有说服力。

3.2 混流制造系统脆弱性问题分析

混流制造系统的脆弱性体现了系统承受风险、自然灾害等破坏行为时系统的抗干扰、破坏的能力，也指混流制造系统的组成要素因受到风险、攻击或者灾害导致故障后，系统整体功能下降的测度。影响混流制造系统脆弱性的因素主要有以下三个方面。

1）系统复杂性

混流制造系统的生产运作环境复杂，规模庞大，具有很大的不确定性和不可预测性，难以理解、描述、预测、控制和优化，系统中的任何设备受到风险扰动，均可能导致设备性能退化或故障，威胁系统的安全运行。同时，混流制造系统的不同制造单元、设备间的故障行为存在差异，导致系统在不同节点上承受风险故障扰动的能力不同，而承受风险能力大的节点受到的影响小，承受风险能力小的节点则表现得很脆弱。因此，在系统脆弱性分析计算中，系统复杂性是关键。

2）系统结构

混流制造系统的系统结构可分为串联、并联和混联三种。串联系统的任意制造单元发生故障，系统均会发生故障，只有系统中所有制造单元均正常工作，系统才能稳定工作，系统脆弱程度相对较高，但脆弱性计算相对简单。并联系统和混联系统并联着性能相同或不同的制造设备，部分设备受到风险扰动时，系统整体功能不受影响，系统的整体脆弱性水平相对较低，脆弱性计算相对复杂，需要分析不同设备故障对系统整体性能的影响。

3）系统多态性

混流制造系统具有定制柔性、可转换性等特点，能充分利用制造单元或设备的自身特性，通过添加、删减或更改部分功能和拓扑结构，实现系统硬件或软件的快速调整。这些特点决定了混流制造系统工作状态的多态性，多态性指当制造单元因受到干扰、破坏时，制造系统的性能出现不同程度的衰退、故障等状态。此外，混流制造系统的缓冲区在生产过程中存在全满、全空等状态，此类状态会引起混流制造系统的物料阻塞和缺料等问题，增加了系统的脆弱性。

为了更加清晰地描述混流制造系统结构脆弱性问题，特提出以下假设作为后续问题分析和求解的依据。

(1) 混流制造系统的各单元、设备受到风险扰动引起的单元崩溃均可以及时修理，修复后能完全恢复正常的工作性能。

(2) 系统受到风险、自然灾害时对各制造单元或设备的影响相同，任何设备遇到风险扰动均容许降级运行，制造单元在降级运行时，系统会降级运行但不会发生故障，只有当其崩溃后才可能导致系统故障。

(3) 混流制造系统中的缓冲区容量固定且不受风险影响，第一个制造单元不存在缺料情况，最后一个制造单元输出无阻塞。

(4) 混流制造系统中各制造单元是相互独立的，即某个单元故障不会造成其他单元故障，只会导致前后单元的阻塞或饥饿，对单元的功能不会有影响。

3.3 混流制造系统结构脆弱性建模与分析

混流制造系统为混联的多状态系统，加工对象为产品族，由不同的制造单元构成，每个制造单元由不同数目的加工设备并联构成，不同制造单元之间根据需要设立容量不同的缓冲区。

3.3.1 基于状态转移法的制造单元的脆弱性分析

为更清晰与连贯地表述本节所要介绍内容，特对第 2 章 2.4 节部分内容进行复述。假设制造单元 M_i 存在正常工作状态、完全故障和降级运行等 m 种状态，设状态 1 为正常工作状态，状态 2，…，$m-1$ 为降级运行状态，m 为完全故障状态即崩溃状态。正常工作的概率服从指数分布 $1-e^{-\lambda_{mi}t}$，故障后修复的时间服从指数分布 $1-e^{-\mu_{mi}t}$，其中，λ_{mi}，μ_{mi} 分别表示制造单元的状态转移密度（λ_{mi}，$\mu_{mi}>0$，$i=1$，2，…，n）。所有随机变量相互独立。制造单元状态转移如图 2.3 所示。

制造单元的状态转移是由单元的故障和修复引起的，对于制造单元的多状态转移过程，可用微分方程组(3.1)表示。

$$
\begin{aligned}
\frac{\mathrm{d}p_1(t)}{\mathrm{d}t} &= \sum_{j=2}^{m-1} p_j(t)\mu_{j1} - p_1(t)\sum_{j=2}^{m-1}\lambda_{1j} \\
\frac{\mathrm{d}p_2(t)}{\mathrm{d}t} &= \sum_{j=3}^{m-1} p_j(t)\mu_{i2} - p_2(t)\sum_{j=3}^{m-1}\lambda_{2j} - p_2(t)\mu_{21} + p_1(t)\lambda_{12} \\
&\vdots \\
\frac{\mathrm{d}p_l(t)}{\mathrm{d}t} &= \sum_{j=l+1}^{m-1} p_j(t)\mu_{jl} - p_l(t)\Big(\sum_{j=1}^{m-1}\lambda_{lj} + \sum_{j=1}^{l-1}\mu_{lj}\Big) + \sum_{j=1}^{l-1} p_j(t)\lambda_{jl} \\
&\vdots \\
\frac{\mathrm{d}p_m(t)}{\mathrm{d}t} &= \sum_{j=2}^{m-1} p_j(t)\lambda_{mj} - p_m(t)\sum_{j=2}^{m-1}\mu_{jm}
\end{aligned}
\tag{3.1}
$$

式中，$j=2,3,\cdots,m$；$l=2,3,\cdots,m-1$，且 $\sum_{j=1}^{m} p_j(t)=1$。

假设 $t=0$ 时刻制造单元处于最佳工作状态 1，则方程组的初始条件为 $p_1(0)=1$，$p_2(0)=0$，…，$p_m(0)=0$。求得制造单元的稳态解，令方程组(3.1)的左边为 0，则式(3.1)简化为如式(3.2)所示。

$$
\begin{aligned}
&\sum_{j=2}^{m-1} p_j(t)\mu_{j1} - p_1(t)\sum_{j=2}^{m-1}\lambda_{1j} = 0 \\
&\sum_{j=3}^{m-1} p_j(t)\mu_{j2} - p_2(t)\sum_{j=3}^{m-1}\lambda_{2j} - p_2(t)\mu_{21} + p_1(t)\lambda_{12} = 0 \\
&\qquad\vdots \\
&\sum_{j=l+1}^{m-1} p_j(t)\mu_{jl} - p_l(t)\left(\sum_{j=1}^{m-1}\lambda_{lj} + \sum_{j=1}^{l-1}\mu_{lj}\right) + \sum_{j=1}^{l-1} p_j(t)\lambda_{jl} = 0 \\
&\qquad\vdots \\
&\sum_{j=2}^{m-1} p_m(t)\mu_{jm} - \sum_{j=2}^{m-1} p_j(t)\lambda_{mj} = 0
\end{aligned}
\tag{3.2}
$$

对式(3.2)进行求解，可得到制造单元任意状态的概率值。

定义制造单元 M_i 临界脆弱性为单元由一种状态进入另一种状态时临界状态下的脆弱性。设 V_{i1} 表示制造单元脱离正常运行范围时的脆弱性，V_{i2} 表示制造单元完全故障时的脆弱性。基于信息熵的原理可得到 V_{i1} 和 V_{i2} 的计算公式如式(3.3)和式(3.4)所示。

$$V_{i1} = -P_i(1)\ln P_i(1) \tag{3.3}$$

$$V_{i2} = -\sum_{j=1}^{m} P_i(j)\ln P_i(j) \tag{3.4}$$

定义制造单元 M_i 的结构脆弱性为单元结构遭遇干扰、破坏时的脆弱性程度，用 V_i 表示，用以对制造单元的结构脆弱性进行测度。具体计算如式(3.5)所示。

$$
V_i = \begin{cases} 0 & V_{ir} < V_{i1} \\ \dfrac{V_{ir} - V_{i1}}{V_{i2} - V_{i1}} & V_{i1} \leqslant V_{ir} \leqslant V_{i2} \\ 1 & V_{ir} > V_{i2} \end{cases} \tag{3.5}
$$

式中，V_{ir} 为任意 t 时刻制造单元 M_i 所处状态 r 时的脆弱性熵值。$r \leqslant m$，V_{ir} 的计算如式(3.6)所示。

$$V_{ir} = \sum_{j=1}^{r} P_i(j)\ln P_i(j) \tag{3.6}$$

由 V_i 的定义可知，$0 \leqslant V_i \leqslant 1$，$V_i = 0$ 即表示制造单元正常工作，$V_i = 1$ 则表示单元完全崩溃。$0 < V_i < 1$ 则表示单元处于脆弱状态，即单元降级运行，部分功能丧失，其值越大，表示单元受到风险扰动后的潜在威胁越大，越有可能崩溃。

3.3.2 缓冲区对系统脆弱性的影响

设制造系统存在 B 个缓冲区 $B_b(b=1,2,\cdots,B)$，第 b 个缓冲区 B_b 的容量为 b_b，缓冲区可能有 0 个，1 个，2 个，…，b_b 个工件，共计 b_b+1 种工作状态。基于前述假设，缓冲区的状态可以简化为全满、全空以及有库存与存储空位三种状态。设缓冲前紧邻的制造单元 M_i 生产率为 ω_b，缓冲区后紧邻的制造单元 M_{i+1} 的生产率为

ω_{b+1}。当缓冲区全满时，如果 $\omega_b > \omega_{b+1}$，则制造单元 M_i 因为缓冲区全满造成单元阻塞而导致系统停止故障，而当 $\omega_b \leqslant \omega_{b+1}$ 时，系统正常工作；当缓冲区全空无库存时，若 $\omega_b \geqslant \omega_{b+1}$，则系统正常工作，若 $\omega_b < \omega_{b+1}$ 则系统因制造单元 M_{i+1} 饥饿而停止故障；而当缓冲区有库存和存储空位时，缓冲区正常工作，系统不受缓冲区状态的影响。

设缓冲区全满和全空以及不满不空的概率分别为 $P_{B_b}^{\mathrm{M}}$、$P_{B_b}^{\mathrm{K}}$ 和 P_{B_b}，建立缓冲区 B_b 的状态转移方程，得到缓冲区 B_b 全满的概率如式(3.7)所示，不满不空的概率如式(3.8)所示。

$$P_{B_b}^{\mathrm{M}} = \frac{1}{b_b + 1} \tag{3.7}$$

$$P_{B_b} = \frac{b_b - 1}{b_b + 1} \tag{3.8}$$

定义由缓冲区全满或全空导致制造系统阻塞或饥饿的脆弱性熵值为缓冲区脆弱性，用 V_{B_b} 表示，并设 $\omega_b > \omega_{b+1}$ 与 $\omega_b < \omega_{b+1}$ 的概率相等，则得到如式(3.9)所示的 V_{B_b} 计算式。

$$\begin{aligned} V_{B_b} &= - P(\omega_b > \omega_{b+1}) P_{B_b}^{\mathrm{M}} \ln P(\omega_b > \omega_{b+1}) P_{B_b}^{\mathrm{M}} \\ &\quad - P(\omega_b < \omega_{b+1}) P_{B_b}^{\mathrm{K}} \ln P(\omega_b < \omega_{b+1}) P_{B_b}^{\mathrm{K}} \\ &= - \frac{1}{b_b + 1} \ln \frac{1}{2(b_b + 1)} \end{aligned} \tag{3.9}$$

缓冲区脆弱性与缓冲区的容量有关，通过 MATLAB 仿真发现：随着容量增大，脆弱性熵值逐渐减少，即缓冲区容量从 2 逐渐增加，缓冲区的脆弱性熵值逐渐减少；容量越小，脆弱性熵值越大，缓冲区越容易引起前后制造单元的阻塞或缺料现象，引发制造系统的缺料停工或阻塞故障，这与实际情况一致。但制造系统缓冲容量设置受到设备成本、库存成本和维护成本等诸多因素影响，一般取值为 6、7 个因素比较合理。缓冲区容量与脆弱性仿真如图 3.1 所示。

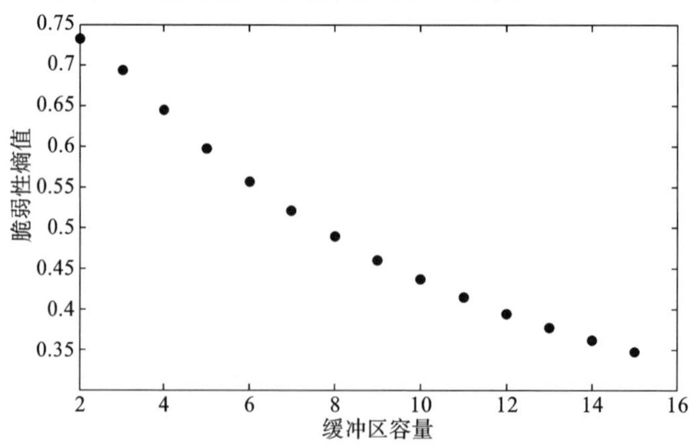

图 3.1 缓冲区容量与脆弱性仿真图

3.3.3　制造系统脆弱性分析

定义制造单元处于正常状态和完全故障状态的中间情况为制造单元脆弱状态，在脆弱状态下，制造单元处于降级运行的状态，但仍能工作。

对于图 3.2 所示的混流装配线模型，假设系统中含有 n 个制造单元 $M_i(i=1,2,\cdots,n)$ 和 B 个缓冲区 $B_b(b=1,2,\cdots,B)$。其中制造单元 M_i 具有正常运行、降级运行和故障等 m_i 种状态，缓冲区 B_b 具有全满、一个空位、二个空位、…、b_b-1 个空位、全空等 b_b+1 种状态，则 n 个制造单元和 B 个缓冲区组合在一起，总共有 $\prod_{i=1}^{n}\prod_{b=1}^{B}m_i(b_b+1)$ 种状态。根据信息熵原理，计算系统脆弱性时需要计算每种状态的概率，而状态数太多会造成计算非常困难。基于制造单元脆弱状态的定义，制造单元的状态可以简化为正常工作状态、脆弱状态和崩溃（完全故障）状态，而缓冲区不会发生故障，即缓冲区只会影响到其前后制造单元的脆弱性状态。

$$\rightarrow M_1 \rightarrow \cdots \rightarrow M_i \rightarrow B_1 \rightarrow M_{i+1} \rightarrow \cdots \rightarrow M_k \rightarrow \cdots \rightarrow M_j \rightarrow B_2 \rightarrow M_{j+1} \rightarrow \cdots \rightarrow M_n \rightarrow$$

图 3.2　混流装配线模型

定义混流制造系统 M_s 临界脆弱性为系统由一种状态进入另一种状态时的临界状态下的脆弱性。设 V_{s1} 表示制造系统脱离正常运行范围时的脆弱性，如式(3.10)所示，V_{s2} 表示制造系统完全故障时的脆弱性，如式(3.11)所示。

$$V_{s1}=-P_s(0)\ln P_s(0) \tag{3.10}$$

$$V_{s2}=-\sum_{s=1}^{S}P_s(s)\ln P_s(s)\quad s=1,2,\cdots,S \tag{3.11}$$

定义混流制造系统 M_s 的结构脆弱性为组成系统结构的制造单元和缓冲区等遭遇干扰、破坏时系统的脆弱性程度，用 V_S 表示，计算方式如式(3.12)所示。

$$V_S=\begin{cases}0 & V_{ss}<V_{s1}\\ \dfrac{V_{ss}-V_{s1}}{V_{s2}-V_{s1}} & V_{s1}\leqslant V_{ss}\leqslant V_{s2}\\ 1 & V_{ss}>V_{s2}\end{cases} \tag{3.12}$$

式中，V_{ss} 为混流制造系统在任意 t 时刻所处状态 s 下的脆弱性，如式(3.13)所示。

$$V_{ss}=\sum_{i=1}^{s}P_m(i)\ln P_m(i)\quad i=1,2,\cdots,s \tag{3.13}$$

式中，$s\in S$，S 为系统所有的状态集合。

对于串联、并联或混联的制造系统，在进行结构脆弱性分析时，关键是要分析各制造单元的各种状态对系统脆弱状态的影响。对于串联系统，任意制造单元处于脆弱状态时，系统均处于脆弱状态，只有当所有单元正常工作时系统才能正常工作；对于并联系统，所有制造单元均处于脆弱状态时系统才处于脆弱状态，所有单元故障时系统才会故障；对于混联系统，在分析时先将并联部分作为一个整体，然后按串联系统进行分析。

对于图 3.2 所示的混流装配线模型，当所有制造单元处于正常工作状态，所有缓冲区均为非空非满状态时，系统才处于正常工作状态，系统的任意一个制造单元处于脆弱状态，系统即处于脆弱状态。根据制造单元与制造系统脆弱性的定义及计算公式可得 V_{s1} 的计算如式(3.14)所示。

$$V_{s1} = \min(V_{i1}) \quad i = 1,2,\cdots,n \tag{3.14}$$

根据 V_{s2} 的定义以及前述假设可得 V_{s2} 和 V_{ss} 的简化计算公式如式(3.15)和式(3.16)所示。

$$V_{s2} = \sum_{i=1}^{n} V_{i2} + \max(V_{B_b}) \quad b = 1,2,\cdots,B \tag{3.15}$$

$$V_{ss} = \sum_{i=1}^{n} V_i \quad i = 1,2,\cdots,n \tag{3.16}$$

式中，V_i 为任意制造单元 $i(i=1,2,\cdots,n)$ 在 t 时刻的脆弱性。

3.4 算例分析

假设某混流制造系统如图 3.3 所示，由 6 个制造单元和 3 个缓冲区构成，每个制造单元均存在正常工作、降级运行和完全故障等状态，缓冲区容量分别为 $b_1=6$，$b_2=7$，$b_3=7$。各制造单元的状态转移如图 3.4 所示，各制造单元状态转移密度 λ、μ 的取值如表 3.1 所示。

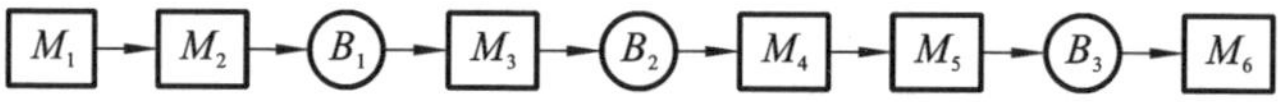

$M_1 \to M_2 \to B_1 \to M_3 \to B_2 \to M_4 \to M_5 \to B_3 \to M_6$

图 3.3 某混流制造系统

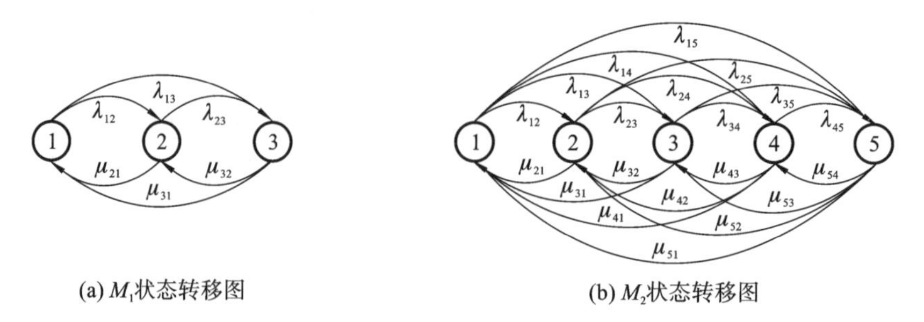

(a) M_1状态转移图 (b) M_2状态转移图

图 3.4 各制造单元状态转移

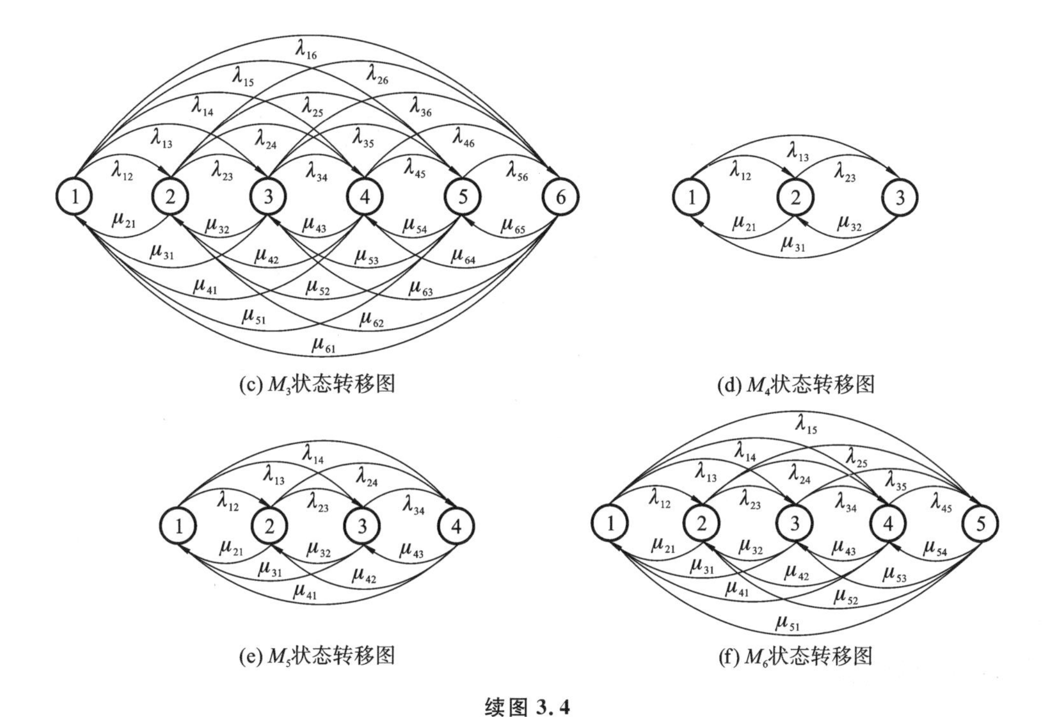

(c) M_3状态转移图　　(d) M_4状态转移图

(e) M_5状态转移图　　(f) M_6状态转移图

续图 3.4

表 3.1　各制造单元状态转移密度 λ、μ 的取值

转移密度	制造单元					
	M_1	M_2	M_3	M_4	M_5	M_6
λ_{12}	0.002	0.001	0.002	0.001	0.002	0.001
λ_{13}	0.001	0.002	0.001	0.001	0.001	0.001
λ_{14}		0.002	0.001		0.001	0.002
λ_{15}		0.001	0.002			0.001
λ_{16}			0.001			
λ_{23}	0.001	0.001	0.002	0.002	0.001	0.001
λ_{24}		0.002	0.003		0.002	0.002
λ_{25}		0.002	0.002			0.002
λ_{26}			0.001			
λ_{34}		0.001	0.001		0.001	0.001
λ_{35}		0.001	0.002			0.001

续表

转移密度	制造单元					
	M_1	M_2	M_3	M_4	M_5	M_6
λ_{36}			0.002			
λ_{45}		0.002	0.001			0.001
λ_{46}			0.001			
λ_{56}			0.003			
μ_{61}			0.02			
μ_{62}			0.02			
μ_{63}			0.01			
μ_{64}			0.02			
μ_{65}			0.03			
μ_{54}		0.02	0.02			0.01
μ_{53}		0.01	0.01			0.02
μ_{52}		0.04	0.02			0.01
μ_{51}		0.03	0.02			0.03
μ_{43}		0.01	0.03		0.02	0.01
μ_{42}		0.02	0.04		0.01	0.01
μ_{41}		0.03	0.02		0.02	0.03
μ_{32}	0.03	0.01	0.01	0.02	0.03	0.01
μ_{31}	0.01	0.01	0.02	0.01	0.01	0.02
μ_{21}	0.02	0.02	0.01	0.01	0.01	0.02

3.4.1 制造单元状态分析

在正常生产状态下，根据前述公式(3.2)可得到制造单元 $M_1, M_2, \cdots, M_6$ 的状态转移概率方程组如下。

$$M_1:\begin{cases} P_{12}\mu_{21}+P_{13}\mu_{31}-P_{11}(\lambda_{12}+\lambda_{13})=0 \\ P_{13}\mu_{32}+P_{11}\lambda_{12}-P_{12}(\lambda_{23}+\mu_{21})=0 \\ P_{11}\lambda_{13}+P_{12}\lambda_{23}-P_{13}(\mu_{32}+\mu_{31})=0 \\ P_{11}+P_{12}+P_{13}=1 \end{cases}$$

$$M_2:\begin{cases} P_{22}\mu_{21}+P_{23}\mu_{31}+P_{24}\mu_{41}+P_{25}\mu_{51}-P_{21}(\lambda_{12}+\lambda_{13}+\lambda_{14}+\lambda_{15})=0 \\ P_{23}\mu_{32}+P_{24}\mu_{42}+P_{25}\mu_{52}+P_{21}\lambda_{12}-P_{22}(\lambda_{23}+\lambda_{24}+\lambda_{25}+\mu_{21})=0 \\ P_{24}\mu_{43}+P_{25}\mu_{53}+P_{21}\lambda_{13}+P_{22}\lambda_{23}-P_{23}(\lambda_{34}+\lambda_{35}+\mu_{32}+\mu_{31})=0 \\ P_{25}\mu_{54}+P_{21}\lambda_{14}+P_{22}\lambda_{24}+P_{23}\lambda_{34}-P_{24}(\lambda_{45}+\mu_{43}+\mu_{42}+\mu_{41})=0 \\ P_{21}\lambda_{15}+P_{22}\lambda_{25}+P_{23}\lambda_{35}+P_{24}\lambda_{45}-P_{25}(\mu_{54}+\mu_{53}+\mu_{52}+\mu_{51})=0 \\ P_{21}+P_{22}+P_{23}+P_{24}+P_{25}=1 \end{cases}$$

$$M_3:\begin{cases} P_{32}\mu_{21}+P_{33}\mu_{31}+P_{34}\mu_{41}+P_{35}\mu_{51}+P_{36}\mu_{61}-P_{31}(\lambda_{12}+\lambda_{13}+\lambda_{14}+\lambda_{15}+\lambda_{16})=0 \\ P_{33}\mu_{32}+P_{34}\mu_{42}+P_{35}\mu_{52}+P_{36}\mu_{62}+P_{31}\lambda_{12}-P_{32}(\lambda_{23}+\lambda_{24}+\lambda_{25}+\lambda_{26}+\mu_{21})=0 \\ P_{34}\mu_{43}+P_{35}\mu_{53}+P_{36}\mu_{63}+P_{31}\lambda_{13}+P_{32}\lambda_{23}-P_{33}(\lambda_{34}+\lambda_{35}+\lambda_{36}+\mu_{32}+\mu_{31})=0 \\ P_{35}\mu_{54}+P_{36}\mu_{64}+P_{31}\lambda_{14}+P_{32}\lambda_{24}+P_{33}\lambda_{34}-P_{34}(\lambda_{45}+\lambda_{46}+\mu_{43}+\mu_{42}+\mu_{41})=0 \\ P_{36}\mu_{65}+P_{31}\lambda_{15}+P_{32}\lambda_{25}+P_{33}\lambda_{35}+P_{34}\lambda_{45}-P_{35}(\lambda_{56}+\mu_{54}+\mu_{53}+\mu_{52}+\mu_{51})=0 \\ P_{31}\lambda_{16}+P_{32}\lambda_{26}+P_{33}\lambda_{36}+P_{34}\lambda_{46}+P_{35}\lambda_{56}-P_{36}(\mu_{65}+\mu_{64}+\mu_{63}+\mu_{62}+\mu_{61})=0 \\ P_{31}+P_{32}+P_{33}+P_{34}+P_{35}+P_{36}=1 \end{cases}$$

$$M_4:\begin{cases} P_{42}\mu_{21}+P_{43}\mu_{31}-P_{41}(\lambda_{12}+\lambda_{13})=0 \\ P_{43}\mu_{32}+P_{41}\lambda_{12}-P_{42}(\lambda_{23}+\mu_{21})=0 \\ P_{41}\lambda_{13}+P_{42}\lambda_{23}-P_{43}(\mu_{32}+\mu_{31})=0 \\ P_{41}+P_{42}+P_{43}=1 \end{cases}$$

$$M_5:\begin{cases} -P_{51}(\lambda_{12}+\lambda_{13}+\lambda_{14})+P_{52}\mu_{21}+P_{53}\mu_{31}+P_{54}\mu_{41}=0 \\ P_{51}\lambda_{12}-P_{52}(\lambda_{23}+\lambda_{24}+\mu_{21})+P_{53}\mu_{32}+P_{54}\mu_{42}=0 \\ P_{51}\lambda_{13}+P_{52}\lambda_{23}-P_{53}(\lambda_{34}+\mu_{32}+\mu_{31})+P_{54}\mu_{43}=0 \\ P_{51}\lambda_{14}+P_{52}\lambda_{24}+P_{53}\lambda_{34}-P_{54}(\mu_{41}+\mu_{42}+\mu_{43})=0 \\ P_{51}+P_{52}+P_{53}+P_{54}=1 \end{cases}$$

$$M_6:\begin{cases} P_{62}\mu_{21}+P_{63}\mu_{31}+P_{64}\mu_{41}+P_{65}\mu_{51}-P_{61}(\lambda_{12}+\lambda_{13}+\lambda_{14}+\lambda_{15})=0 \\ P_{63}\mu_{32}+P_{64}\mu_{42}+P_{65}\mu_{52}+P_{61}\lambda_{12}-P_{62}(\lambda_{23}+\lambda_{24}+\lambda_{25}+\mu_{21})=0 \\ P_{64}\mu_{43}+P_{65}\mu_{53}+P_{61}\lambda_{13}+P_{62}\lambda_{23}-P_{63}(\lambda_{34}+\lambda_{35}+\mu_{32}+\mu_{31})=0 \\ P_{65}\mu_{54}+P_{61}\lambda_{14}+P_{62}\lambda_{24}+P_{63}\lambda_{34}-P_{64}(\lambda_{45}+\mu_{43}+\mu_{42}+\mu_{41})=0 \\ P_{61}\lambda_{15}+P_{62}\lambda_{25}+P_{63}\lambda_{35}+P_{64}\lambda_{45}-P_{65}(\mu_{54}+\mu_{53}+\mu_{52}+\mu_{51})=0 \\ P_{61}+P_{62}+P_{63}+P_{64}+P_{65}=1 \end{cases}$$

由制造单元 $M_1,M_2,\cdots,M_6$ 的状态转移方程计算得到的各制造单元不同状态的理论概率如下。

$$M_1:\begin{cases}P_{11}=0.8590\\P_{12}=0.1166\\P_{13}=0.0244\end{cases}$$

$$M_2:\begin{cases}P_{21}=0.7504\\P_{22}=0.1119\\P_{23}=0.0934\\P_{24}=0.0330\\P_{25}=0.0113\end{cases}$$

$$M_3:\begin{cases}P_{31}=0.6638\\P_{32}=0.2078\\P_{33}=0.0631\\P_{34}=0.0237\\P_{35}=0.0305\\P_{36}=0.0111\end{cases}$$

$$M_4:\begin{cases}P_{41}=0.8333\\P_{42}=0.1302\\P_{43}=0.0365\end{cases}$$

$$M_5:\begin{cases}P_{51}=0.7313\\P_{52}=0.2105\\P_{53}=0.0345\\P_{54}=0.0237\end{cases}$$

$$M_6:\begin{cases}P_{61}=0.8217\\P_{62}=0.0744\\P_{63}=0.0497\\P_{64}=0.0391\\P_{65}=0.0151\end{cases}$$

3.4.2 状态空间对制造单元脆弱性的影响

基于前述制造单元结构脆弱性的定义和计算公式，各制造单元脆弱性的两种临界状态的脆弱性熵值计算结果如下。

$$M_1:\begin{cases}V_{11}=0.1884(\text{bit})\\V_{12}=0.6806(\text{bit})\end{cases}$$

$$M_2:\begin{cases}V_{21}=0.3109(\text{bit})\\V_{22}=1.2194(\text{bit})\end{cases}$$

$$M_3:\begin{cases}V_{31}=0.3924(\text{bit})\\V_{32}=1.7485(\text{bit})\end{cases}$$

$$M_4:\begin{cases}V_{41}=0.2192(\text{bit})\\V_{42}=0.7765(\text{bit})\end{cases}$$

$$M_5:\begin{cases}V_{51}=0.3302(\text{bit})\\V_{52}=1.0989(\text{bit})\end{cases}$$

$$M_6:\begin{cases}V_{61}=0.2328(\text{bit})\\V_{62}=1.0011(\text{bit})\end{cases}$$

分析上述各制造单元的临界脆弱性熵值可以看出，制造单元 M_1、M_4 的临界脆弱性熵值 V_{11}、V_{12} 和 V_{41}、V_{42} 均相对较小，V_{21}、V_{22} 和 V_{31}、V_{32} 则明显较大。制造单元 M_1 和 M_4 的状态数均为 3，制造单元 M_2 和 M_3 的状态数分别为 5 和 6，即制造单元 M_1 和 M_4 均只有正常运行、单元崩溃和降级运行三种状态，而制造单元 M_2 和 M_3 则存在多种降级运行的状况。根据信息熵理论，系统的熵值越大，则系统的不确定性越大，系统越不稳定，越难以预测。随着现代科学技术的不断发展，制造单元的功能越来越强大，柔性越来越高，遇到各种小故障情况仍然能够生产加工的能力越来越强。但这种先进的制造单元相对简单的制造单元来讲，其脆弱性熵值增加，即制造单元遇到风险、故障或灾害时潜在的威胁更大，更容易引发系统崩溃，在生产过程中必须重点关注，以防止更严重的系统损失。

3.4.3　系统结构脆弱性分析

计算系统的两种临界状态下的脆弱性熵值，可得到 V_{s1} 和 V_{s2} 的值如下。

$$\begin{cases}V_{s1}=0.1884(\text{bit})\\V_{s2}=7.0689(\text{bit})\end{cases}$$

根据定义，可得到系统任意时刻的结构脆弱性熵值 V_S 计算式，如式(3.17)所示。

$$V_S=\begin{cases}0 & V_{ss}<0.1884\\ \dfrac{V_{ss}-0.1884}{6.8805} & 0.1884\leqslant V_{ss}\leqslant 6.8805\\ 1 & V_{ss}>6.8805\end{cases}\tag{3.17}$$

系统在不同的状态时结构脆弱性熵值取值不同，如图 3.5～图 3.10 所示即为该系统在任意 1、2、…、6 个制造单元处于脆弱状态时系统的脆弱性熵值取值分布图。图 3.5 为任意 1 个制造单元处于脆弱性状态时的系统结构脆弱性取值分布，平均值为0.09625 bit。图 3.6 为任意 2 个制造单元处于脆弱状态时的系统结构脆弱性熵值取值分布，平均值为 0.1521 bit，同理，图 3.7～图 3.10 分别为任意 3、4、5、6 个制造单元处于脆弱状态时的系统结构脆弱性熵值取值分布以及对应的平均值。从这 6 个图中可以看出，随着系统中脆弱单元数量的增加，系统结构脆弱性熵值的平均值逐渐增大，即系统中脆弱性单元数量越多，系统越容易崩溃，系统越复杂，潜在的风险越大。这说明随着现代制造技术的不断发展，制造系统的规模越来越复杂和庞大，这种系统在提高企业制造技术、生产水平的同时，增大了系统脆弱性，增加了潜在的危险，即制造企业在遇到各种风险、故障或者自然灾害时，如果处理不当，对企业造成的危害将更大。换言之，现代制造系统越来越先进，越来越复杂，系统安全的要求越来越高，对脆弱性进行分析评价的要求也越来越重要，越来越迫切。

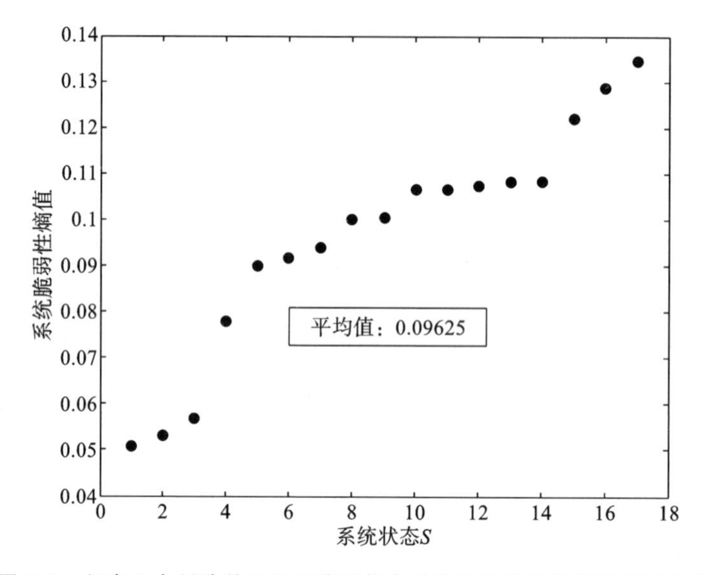

图 3.5 任意 1 个制造单元处于脆弱状态时的系统脆弱性熵值取值分布

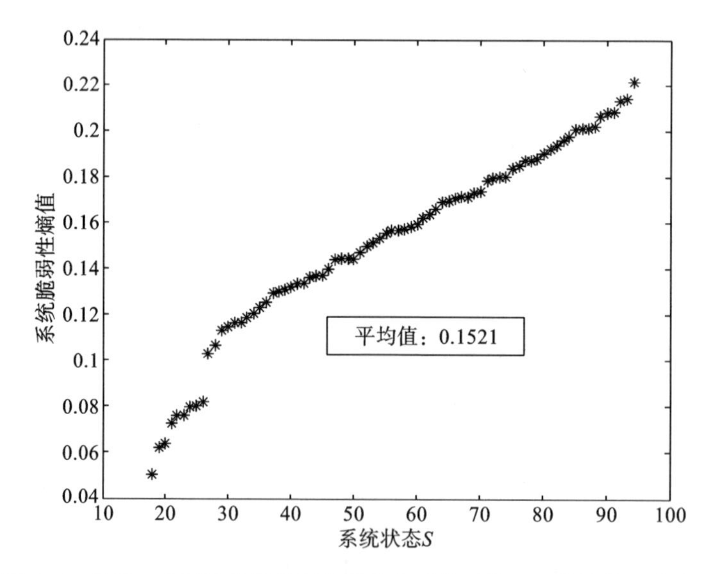

图 3.6 任意 2 个制造单元处于脆弱状态时的系统脆弱性熵值取值分布

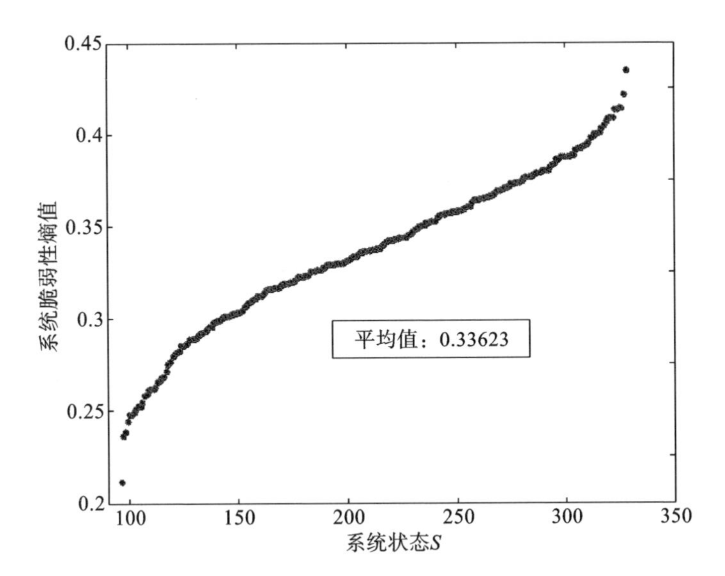

图 3.7 任意 3 个单元处于脆弱状态时的系统脆弱性熵值取值分布

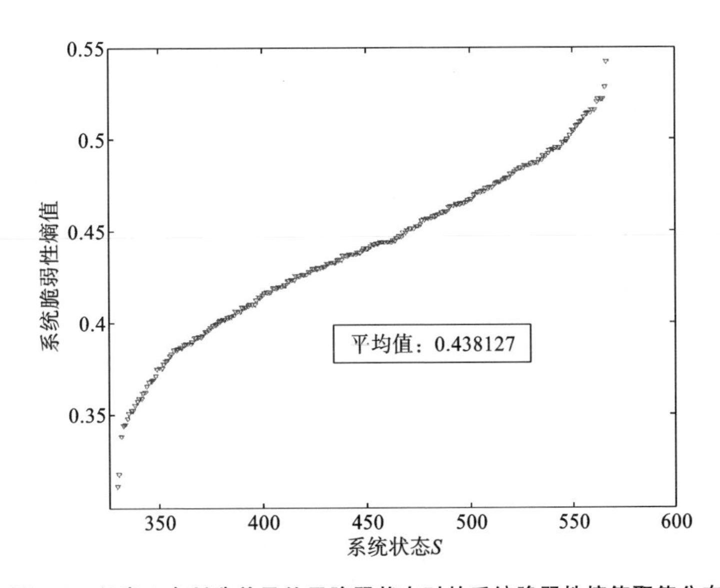

图 3.8 任意 4 个制造单元处于脆弱状态时的系统脆弱性熵值取值分布

表 3.2 计算了各制造单元对系统结构脆弱性的影响，例如制造单元 M_1 的系统结构脆弱性熵值为 0.079361，即假设其他单元均正常工作，只考虑制造单元 1 处于脆弱状态下时的系统结构脆弱性。从表 3.2 中还可以看出，制造单元 M_1 和 M_4 的系统结构脆弱性熵值最低，它们对系统潜在的危险性最小，而制造单元 M_3 的系

统结构脆弱性熵值最高，对系统的影响最大，潜在的风险最高，因此在系统安全监控中，制造单元 3 是应该重点关注的单元。

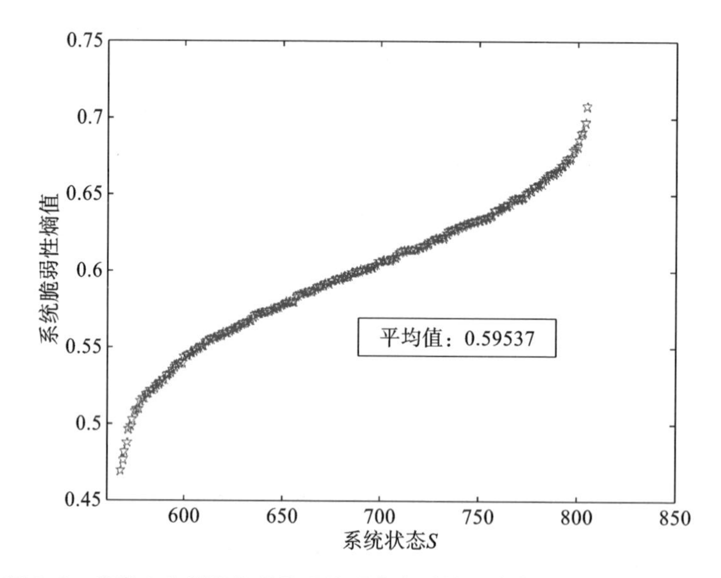

图 3.9　任意 5 个制造单元处于脆弱状态时的系统脆弱性熵值取值分布

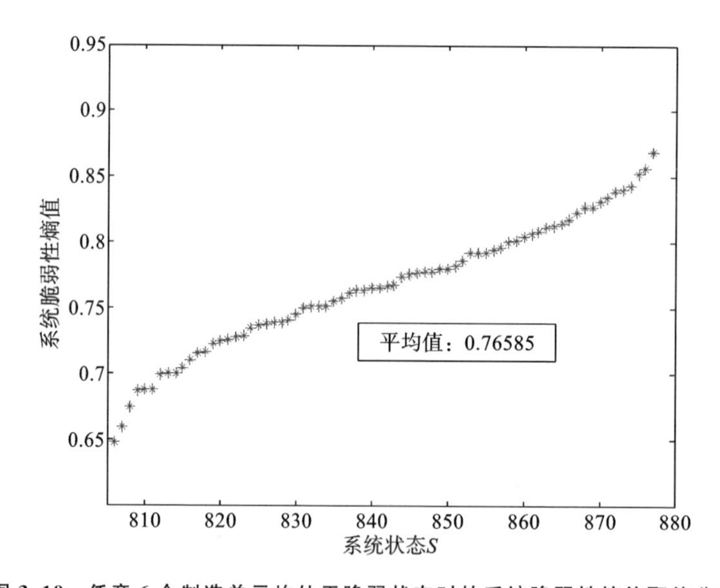

图 3.10　任意 6 个制造单元均处于脆弱状态时的系统脆弱性熵值取值分布

表3.2 各制造单元对系统结构脆弱性的影响

制造单元	1	2	3	4	5	6
系统脆弱性熵值	0.079361	0.270494	0.299302	0.072492	0.183232	0.246903

3.5 小 结

(1) 现有混流制造系统理论研究中针对脆弱性的研究较少,很少有研究人员从脆弱性的角度去评价混流制造系统的安全性,不能从本质上对系统潜在的风险、故障进行有效的分析、评价。针对现有混流制造系统理论研究中存在的不足,本章在分析制造单元、缓冲区和系统状态的基础上,提出一种基于马尔科夫过程模型和信息熵理论的混流制造系统结构脆弱性分析与评价方法。

(2) 通过分析系统的结构复杂性、性能多态性等特征,阐述了系统脆弱性产生的根源,建立了制造单元和缓冲区的状态转移方程,定义了制造单元和系统的脆弱性状态。在分析、计算制造单元和缓冲区各种状态概率的基础上,建立了系统的结构脆弱性计算模型。

(3) 以某混流制造系统为例,利用本章提出的结构脆弱性分析计算方法,计算得到该混流制造系统的结构脆弱性的性能指标,分析了系统结构脆弱性和制造单元状态之间的关系,指出了该混流制造系统的安全防护中需要重点注意的单元,分析结果证明了本章所提出模型的准确性和分析方法的有效性。

(4) 系统脆弱性是复杂系统的根本属性,脆弱性的度量和系统结构及外部环境相关,如何把内因和外因结合起来,建立多层次制造系统脆弱性模型,以及由子系统(制造单元)崩溃引发相邻单元的脆弱性波动等在本章中还缺乏深入的讨论,还需要继续深入研究。

参考文献

[1] FUCHS S,BIRKMANN J,GLADE T. Vulnerability assessment in natural hazard and risk analysis: current approaches and future challenges[J]. Natural Hazards,2012,64:1969-1975.

[2] WALLNERSTROM C J, HILBER P. Vulnerability analysis of power distribution systems for cost-effective resource allocation [J]. IEEE Transactions on Power Systems,2011,27(1):224-232.

[3] CHEN B Y,LAM W H K,SUMALEE A,et al. Vulnerability analysis for large-scale and congested road networks with demand uncertainty[J]. Transportation Research Part A:Policy and Practice,2012,46(3):501-516.

[4] ADGER W N. Vulnerability[J]. Global Environmental Change, 2006, 16(3):268-281.

[5] WISNER B. At risk: natural hazards, people's vulnerability and disasters[M]. London:Routledge,2003.

[6] JENELIUS E, MATTSSON L G. Road network vulnerability analysis of area-covering disruptions: A grid-based approach with case study[J]. Transportation Research Part A:Policy and Practice,2012,46(5):746-760.

[7] DOORMAN G L, UHLEN K, KJOLLE G, et al. Vulnerability analysis of the Nordic power system[J]. IEEE Transactions on Power Systems, 2006, 21(1):402-410.

[8] AGUDELO L, LÓPEZ L J M, MUÑOZ G N. Vulnerability assessment of power systems to intentional attacks using a specialized genetic algorithm[J]. Dyna,2015,82(192):78-84.

[9] LI D,ZHOU S Y,TAO S,et al. Application of Common Information Model in Analyzing the Area of Vulnerability to Voltage Sags[J]. Applied Mechanics and Materials,2013,241:747-751.

[10] SHEYNER O. Scenario graphs and attack graphs[D]. Pittsburgh:Carnegie Mellon University,2004.

[11] CHANG P C, LIN Y K. Reliability analysis for an apparel manufacturing system applying fuzzy multistate network[J]. Computers & Industrial Engineering,2015,88:458-469.

[12] HE Y, HE Z, WANG L, et al. Reliability modeling and optimization strategy for manufacturing system based on RQR Chain[J]. Mathematical Problems in Engineering,2015,(15):1-13.

[13] 柳剑,张根保,李冬英,等. 基于脆性理论的多状态制造系统可靠性分析[J]. 计算机集成制造系统,2014,20(1):155-164.

[14] 高贵兵,岳文辉,张道兵,等. 基于马尔可夫过程的混流装配线缓冲区容量研究[J]. 中国机械工程,2014,24(18):2524-2528.

第4章　基于通用生成函数的脆弱性评估方法

【核心内容】

本章提出了一种基于通用生成函数的脆弱性评估方法。

(1) 求解各制造单元的状态及其概率，得到制造单元的通用生成函数，定义并计算各单元的脆性熵，建立制造单元的脆弱性分析模型。

(2) 根据混流制造系统的结构特征和通用生成函数的串并联运算算子，得到系统的通用生成函数，定义系统的脆性熵，基于脆性熵建立混流制造系统的脆弱性评估模型。

(3) 以某典型的混流制造系统为例，利用本章所提的脆弱性评价方法评估其脆弱性，并与基于状态熵的评价方法对比，验证该方法可以显著提高脆弱性评价的效率。

4.1　引　　言

软件方面，混流制造系统的脆弱性可能来自编码产生的错误、业务流程与逻辑设计的缺陷或者系统交互设计的不合理等。硬件方面，混流制造系统的脆弱性主要来自设备的安全隐患、故障以及设计缺陷等，如芯片设计存在问题。这些软、硬件方面存在的问题，都有可能被人有意或无意利用，对系统性能产生影响甚至破坏，危及系统健康与安全。

现有的复杂系统脆弱性分析评估主要有如下方法。

1) 经验分析法

利用过去已经发生过的事故报告和数据分析系统的脆弱性，以此识别系统的高频故障和失效模式，提供有效的风险防范策略，降低风险的危害。

2) 基于 Agent 的方法

用 Agent 表示复杂系统的组成部分，建立一系列相关规则描述 Agent 的行为和相互关系，以获取系统在干扰、故障行为下的性能反应，并利用仿真分析系统模拟干扰场景下的脆弱性和脆弱性消减策略的效果。

3) 基于网络的方法

通过建立复杂系统的网络模型，利用网络的拓扑特性识别系统的脆弱部分，从拓扑层次上提供系统脆弱性消减策略。

4）基于系统动态特性的方法

利用系统支路、主线的反馈和流程建立复杂系统在干扰场景下的动态演化模型，以此分析各种脆弱性影响因素对系统脆弱性的影响。然而，这些脆弱性的分析评价方法都是针对电力、交通、工业链网络、生态、金融系统等，它们的运行机理与制造系统存在本质区别，因此这些已有的分析评价方法并不适合制造系统的脆弱性分析评价。

针对现有混流制造系统脆弱性研究的不足，本章利用通用生成函数对其脆弱性进行分析评价。首先，通过求解各制造单元在各种状态下的概率得到其通用生成函数，定义制造单元的临界脆性熵建立其脆弱性分析模型；其次，基于通用生成函数运算算子得到制造系统的通用生成函数，求出系统的临界脆性熵，建立系统的脆弱性评估模型；最后，以一个典型的混流制造系统为例验证该方法的有效性。

4.2 相关理论

4.2.1 信息熵

基于 Shannon 对熵的定义，随机离散型变量 $X(X=x_1,x_2,\cdots,x_n)$的信息熵计算式如式(4.1)所示。

$$H(X)=-\sum_{i=1}^{n}p(x_i)\log_2 p(x_i) \tag{4.1}$$

式中，$p(x_i)$为 $X=x_i$ 的概率，n 为变量 X 包含的变量数目。

如果 X 是某个系统，则信息熵 $H(X)$表示该系统的总体信息测度，其值越大，系统存在的不确定性越大。

4.2.2 通用生成函数

通用生成函数法定义如下。

对于任意 m 个离散型随机变量 $X_1,X_2,\cdots,X_m$，设 $X_i=x_{i,j_i}(j_i=1,2,\cdots,k_i)$时的概率为 $p_{i,j}$，则随机变量 X_i 的通用生成函数定义为实变数 z 的实函数，如式(4.2)所示。

$$u_i(z)=\sum_{j=1}^{k}p_{i,j_i}z^{x_{i,j_i}} \tag{4.2}$$

对于包含 m 个离散型变量的函数 $g(X_1,X_2,\cdots,X_m)$，则有式(4.3)所示的复合运算算子。

$$\otimes_f\left(\sum_{j_i=1}^{k}p_{i,j_i}z^{x_{i,j_i}}\right)=\sum_{j_1=0}^{k_1}\sum_{j_2=0}^{k_2}\cdots\sum_{j_m=0}^{k_m}\left(\prod_{i=1}^{m}p_{i,j_i}z^{G}\right) \tag{4.3}$$

式中，$\otimes_f$ 为与函数 g 的特性有关复合运算算子，$G=g(x_{i,j_1},x_{2,j_2},\cdots,x_{m,j_m})$。

由此，通用生成函数将离散数列间的组合关系转换成幂级数间的运算关系，结合式(4.2)与式(4.3)，系统的生成函数可用式(4.4)表示。

$$U(z)=\otimes_f(u_1(z),u_2(z),\cdots,u_m(z)) \tag{4.4}$$

4.3 混流制造系统脆弱性建模与分析

为更清晰与连贯地表述本节所要介绍内容，本节对第 2 章 2.4 节和第 3 章 3.3 节部分内容进行复述。

4.3.1 混流制造系统脆弱性问题分析与假设

混流制造系统脆弱性的因素既与它自身的结构、功能特性有关，也与外界风险、干扰的种类、大小、强度等有关，为了对其脆弱性进行准确描述，特提出以下假设作为其脆弱性建模与评价的依据。

(1) 系统的各设备、单元受到各种干扰引起的故障均可以及时修理，且修复好的设备、单元能立即恢复到稳定工作状态。

(2) 系统受到的各种干扰对各单元、设备的影响相同，任何单元遇到故障和扰动均可能降级运行，且单元降级运行时系统不会故障，只有所有单元故障才导致系统崩溃。

(3) 系统内的缓冲区不受干扰影响，容量足够大，首尾单元不存在饥饿和阻塞。

(4) 系统内各单元相互独立。

4.3.2 基于马尔科夫链的制造单元脆弱性分析

制造单元的状态转移如图 2.3 所示。

制造单元的多状态转移过程，可用如下微分方程组式(4.5)表示。

$$\begin{cases}\dfrac{\mathrm{d}p_1(t)}{\mathrm{d}t}=\sum\limits_{i=2}^{m-1}p_j(t)\mu_{j1}-p_1(t)\sum\limits_{j=2}^{m-1}\lambda_{1j}\\ \dfrac{\mathrm{d}p_2(t)}{\mathrm{d}t}=\sum\limits_{j=3}^{m-1}p_j(t)\mu_{i2}-p_2(t)\sum\limits_{j=3}^{m-1}\lambda_{2j}-p_2(t)\mu_{21}+p_1(t)\lambda_{12}\\ \qquad\vdots\\ \dfrac{\mathrm{d}p_l(t)}{\mathrm{d}t}=\sum\limits_{j=l+1}^{m-1}p_j(t)\mu_{jl}-p_l(t)\left(\sum\limits_{j=1}^{m-1}\lambda_{lj}+\sum\limits_{j=1}^{l-1}\mu_{lj}\right)+\sum\limits_{j=1}^{l-1}p_j(t)\lambda_{jl}\\ \qquad\vdots\\ \dfrac{\mathrm{d}p_m(t)}{\mathrm{d}t}=\sum\limits_{j=2}^{m-1}p_j(t)\lambda_{mj}-p_m(t)\sum\limits_{j=2}^{m-1}\mu_{jm}\end{cases} \tag{4.5}$$

式中，$j=2,3,\cdots,m$；$l=2,3,\cdots,m-1$，且 $\sum\limits_{j=1}^{m}p_j(t)=1$。

假设 $t=0$ 时刻，制造单元处于正常状态 1，则方程组的初始条件为 $p_1(0)=1$，$p_2(0)=0,\cdots,p_m(0)=0$。为求得制造单元的稳态解，可令式(4.5)的左边为 0，则其可简化为如式(4.6)所示。

$$\begin{cases}\sum_{j=2}^{m-1} p_j(t)\mu_{j1} - p_1(t)\sum_{j=2}^{m-1}\lambda_{1j} = 0 \\ \sum_{j=3}^{m-1} p_j(t)\mu_{j2} - p_2(t)\sum_{j=3}^{m-1}\lambda_{1j} - p_2(t)\mu_{21} + p_1(t)\lambda_{12} = 0 \\ \vdots \\ \sum_{j=l+1}^{m-1} p_j(t)\mu_{jl} - p_{lj}(t)\left(\sum_{j=1}^{m-1}\lambda_{lj} + \sum_{j=1}^{l-1}\mu_{lj}\right) + \sum_{j=1}^{l-1} p_l(t)\lambda_{jl} = 0 \\ \vdots \\ \sum_{j=2}^{m-1} p_{jm}(t)\mu_{jm} - p_{1j}(t)\sum_{j=2}^{m-1}\lambda_{mj} = 0 \end{cases} \tag{4.6}$$

求解方程式(4.6)，得到制造单元任意状态的发生概率值。

定义制造单元 M_i 的脆性熵为单元遭遇干扰、破坏时的脆弱性熵值，用 H_{is} 表示，用以对制造单元的在脆弱状态下的无序度进行测度，其中 s 定义为制造单元 M_i 所处的状态，则可得 H_{is} 的计算如式(4.7)所示。

$$H_{is} = -\sum_{j=1}^{s} P_i(j)\log_2 P_i(j) \tag{4.7}$$

由 H_{is} 的定义可知，H_{is} 与 M_i 的脆弱性状态有关，在正常状态时的脆性熵取值最低，但总是大于 0。

定义制造单元脆弱性为制造单元 M_i 遭遇风险、故障时的脆弱性程度，用 V_i 表示，用以衡量制造单元遭到干扰和破坏的程度，制造单元脆弱性的表达式如式(4.8)所示。

$$V_i = \begin{cases} 0 & H_{is} < H_{i1} \\ \dfrac{H_{is} - H_{i1}}{H_{i2} - H_{i1}} & H_{i1} \leqslant V_{is} \leqslant H_{i2} \\ 1 & H_{is} > H_{i2} \end{cases} \tag{4.8}$$

式中，H_{is} 为 M_i 所处 s 状态时的脆性熵。$s \leqslant m$，则 H_{is} 的计算如式(4.9)所示。

$$H_{is} = -\sum_{j=1}^{s} P_i(j)\log_2 P_i(j) \tag{4.9}$$

H_{i1} 和 H_{i2} 为脆性熵的两个临界点，H_{i1} 表示 M_i 脱离正常运行范围时的脆性熵，H_{i2} 表示 M_i 完全故障时的脆性熵，基于脆性熵的定义可得 H_{i1} 和 H_{i2} 的计算式，分别如式(4.10)和式(4.11)所示。

$$H_{i1} = -P_i(1)\log_2 P_i(1) \tag{4.10}$$

$$H_{i2} = -\sum_{j=1}^{m} P_i(j)\log_2 P_i(j) \tag{4.11}$$

由单元脆弱性定义可知，$0 \leqslant V_i \leqslant 1$，当 $V_i = 0$ 时，M_i 正常工作，$V_i = 1$ 时，M_i 完全故障。$0 < V_i < 1$ 时，M_i 处于脆弱状态，丧失部分功能。

4.3.3 缓冲区影响分析

假设系统中存在缓冲区数为 $B(B<n)$，缓冲区 $B_b(b=1,2,\cdots,B)$ 的容量为 b_b，缓冲区的状态虽然有 b_b+1 种，但影响系统脆弱性状态的只有全满(S_1)或全空(S_2)两种，在缓冲区有空位和库存状态下(正常状态 S_0)，对系统运行不会产生影响。因此，在脆弱性分析时只需考虑上述三种状态。设缓冲区前后制造单元为 M_i 和 M_{i+1}，对应的生产率分别为 ω_b 和 ω_{b+1}：在全满状态下，当 $\omega_b > \omega_{b+1}$ 时 M_i 会发生阻塞，$\omega_b \leqslant \omega_{b+1}$ 时 M_i 正常工作；在全空状态下，当 $\omega_b \geqslant \omega_{b+1}$ 时 M_i 正常工作，$\omega_b \leqslant \omega_{b+1}$ 时 M_{i+1} 饥饿。

设缓冲区全满和全空以及不满不空的概率分别为 $P_{B_b}^M$、$P_{B_b}^K$ 和 P_{B_b}，建立缓冲区 B_b 的状态转移方程，得到缓冲区 B_b 全满的概率计算公式如式(4.12)所示，正常工作(不满不空)的概率计算公式如式(4.13)所示。

$$P_{B_b}^M = \frac{1}{b_b+1} \tag{4.12}$$

$$P_{B_b} = \frac{b_b-1}{b_b+1} \tag{4.13}$$

则缓冲区的通用生产函数即可用式(4.14)表示。

$$\mu_{B_i}(z) = \sum_{i=1}^{m} p_{B_i} z^{s_i} = \frac{b_b-1}{b_b+1} z^{s_0} + \frac{1}{b_b+1} z^{s_1} + \frac{1}{b_b+1} z^{s_2} \tag{4.14}$$

4.3.4 基于通用生成函数的制造系统脆弱性分析

基于通用生成函数原理与制造单元状态分析结果，通过式(4.6)可求出制造单元的各种脆弱性状态的发生概率，则制造单元的通用生成函数可表示为 $\mu_{M_i}(z) = \sum_{i=1}^{m} p_{m_i} z^{s_i}$，$p_{m_i}$ 为制造单元为脆弱性状态 s_i 时对应的概率。

对于包含有 n 个制造单元 $M_i(i=1,2,\cdots,n)$ 和 B 个缓冲区 $B_b(b=1,2,\cdots,B)$ 的混流制造系统，为了求解该系统的通用生成函数，可以将系统分解为独立的并联和串联制造子系统，然后与缓冲区串联得到等效制造系统。在此基础上进行递推分解，利用如下串并联子系统的通用生成函数运算算子即可求出。

对于两个串联的制造单元 M_i 和 M_j，其通用生成函数的运算算子计算如式(4.15)所示。

$$\mu_{M_{ij}}(z) = \mu_{M_i}(z) \otimes \mu_{M_j}(z) = \sum_{i=1}^{m_i} \sum_{j=1}^{m_j} p_{m_i} p_{m_j} z^{\min(S_{m_i}, S_{m_j})} \tag{4.15}$$

对于两个并联的制造单元 M_i 和 M_j，其通用生成函数的运算算子计算如式(4.16)所示。

$$\mu_{M_{ij}}(z)=\mu_{M_i}(z)\otimes\mu_{M_j}(z)=\sum_{i=1}^{m_i}\sum_{j=1}^{m_j}p_{m_i}p_{m_j}z^{S_{m_i}+S_{m_j}} \tag{4.16}$$

对于包含 n 个制造单元和 B 个缓冲区的混流系统，则其对应的通用生成函数可用式(4.17)表示。

$$\begin{aligned}\mu_S(z)&=\sum_{s=1}^{S}P_s z^{g_s}=\mu_{M_1}(z)\otimes_f\cdots\otimes_f\mu_{M_n}(z)\otimes_f\mu_{B_1}(z)\otimes_f\cdots\otimes_f\mu_{B_B}(z)\\&=\sum_{i=1}^{m_1}\cdots\sum_{j=1}^{m_n}\sum_{l=1}^{b_1}\cdots\sum_{h=1}^{b_b}p_{m_1i}\cdots p_{m_nj}p_{b_1l}\cdots p_{b_bh}z^{f(S_{m_1i},\cdots,S_{m_nj}S_{B_1l},\cdots,S_{B_Bh})}\end{aligned} \tag{4.17}$$

式中，$\mu_{M_i}(z)$、$\mu_{B_i}(z)$分别为制造单元 M_i 和缓冲区 B_i 的通用生成函数，m_i、b_i 分别为制造单元M_i 和缓冲区 B_i 的状态数目，p_{m_nj} 为制造单元M_n 在状态 s_{m_nj} 时的概率，p_{b_bh} 为缓冲区 B_b 在状态 s_{B_bh} 时的概率，f 为系统制造单元、缓冲区之间的串并联结构函数，根据串并联关系选取相应的运算算子。

基于脆性熵的定义和系统的通用生成函数 $\mu_S(z)$，则制造系统在任意 t 时刻的脆性熵计算公式如式(4.18)所示。

$$H_S(S)=-\sum_{s=1}^{S}P_s(g_s)\log_2 P_s(g_s)\quad g_s<g_\omega \tag{4.18}$$

式中，s 为制造系统在任意 t 时刻所处的状态，$s\in S$，S 为系统所有的状态集合，$P_s(g_s)$为系统处于脆弱状态 s 的概率，g_s、g_ω 分别表示系统处于脆弱状态 s 和正常工作状态下的产出。

定义制造系统脆弱性为制造系统 M_s 遭遇风险、故障时的脆弱性程度，用 V_S 表示，其计算表达式如式(4.19)所示。

$$V_S=\begin{cases}0 & H_{m_s}<H_{s1}\\ \dfrac{H_{m_s}-H_{s1}}{H_{s2}-H_{s1}} & H_{s1}\leqslant H_{m_s}\leqslant H_{s2}\\ 1 & H_{m_s}>H_{s2}\end{cases} \tag{4.19}$$

式中，H_{m_s} 为 M_s 在任意状态 s 下的脆性熵，H_{s1} 表示 M_s 脱离正常运行范围时的脆性熵，H_{s2} 表示 M_s 完全故障时的脆性熵，基于脆性熵的定义，H_{m_s}、H_{s1} 和 H_{s2} 的计算式分别如式(4.20)、式(4.21)和式(4.22)所示。

$$H_{ms}=\sum_{i=1}^{s}P_m(i)\log_2 P_m(i)\quad i=1,2,\cdots,S \tag{4.20}$$

$$H_{s1}=-P_s(0)\log_2 P_s(0) \tag{4.21}$$

$$H_{s2}=-\sum_{s=1}^{S}P_s(s)\log_2 P_s(s)\quad s=1,2,\cdots,S \tag{4.22}$$

基于式(4.18)，可得

$$H_{m_s}(S)=-\sum_{s=1}^{S}P_s(g_s)\log_2 P_s(g_s)\quad g_s<g_\omega \tag{4.23}$$

$$H_{s2}(S)=-\sum_{s=1}^{S}P_s(g_s)\log_2 P_s(g_s)\quad g_s<g_\omega \tag{4.24}$$

4.4 算例分析

某混流制造系统如图4.1所示，由8个制造单元和4个缓冲区构成，每个制造单元均存在正常工作、降级运行和完全故障等状态，缓冲区容量 $B_1=20$，$B_2=30$，$B_3=30$，$B_4=20$。各制造单元的状态转移图如图4.2所示，其中各制造单元状态转移密度的 λ、μ 的取值见表4.1。各制造单元不同状态下的生产率见表4.2。

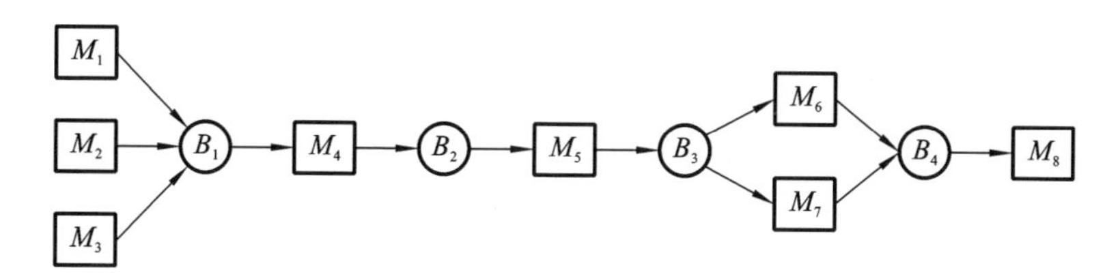

图4.1　某混流制造系统

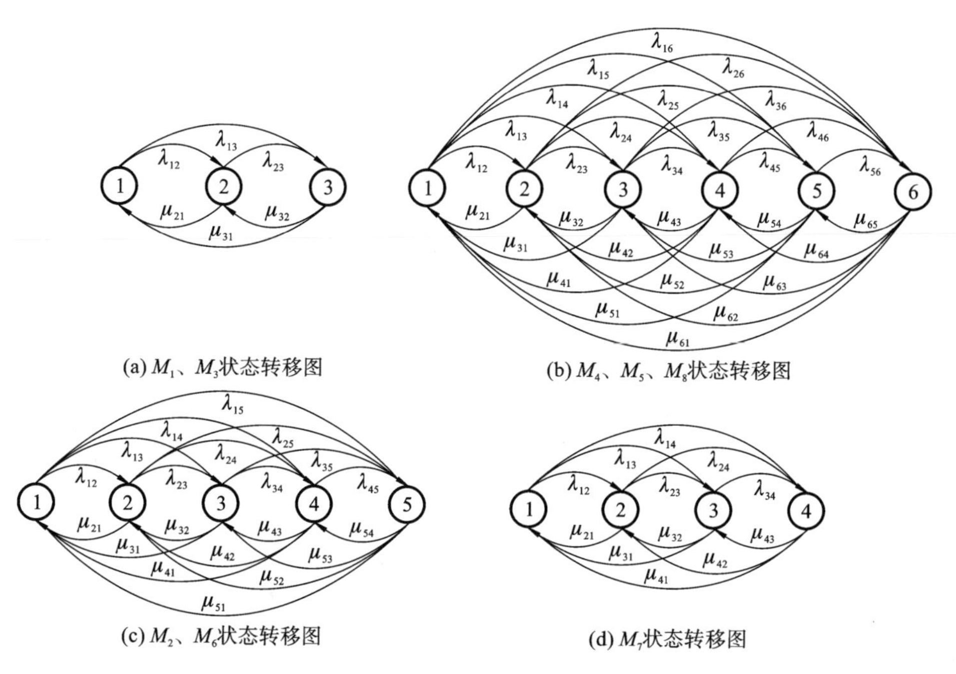

(a) M_1、M_3状态转移图　(b) M_4、M_5、M_8状态转移图

(c) M_2、M_6状态转移图　(d) M_7状态转移图

图4.2　各制造单元状态转移图

表 4.1 各制造单元状态转移密度 λ、μ 的取值表

转移密度	制造单元							
	M_1	M_2	M_3	M_4	M_5	M_6	M_7	M_8
λ_{12}	0.00	0.001	0.001	0.001	0.002	0.001	0.001	0.001
λ_{13}	0.00	0.002	0.001	0.002	0.001	0.001	0.002	0.002
λ_{14}		0.002		0.001	0.001	0.002	0.002	0.001
λ_{15}		0.001		0.002	0.002	0.001		0.002
λ_{16}				0.001	0.001			0.001
λ_{23}	0.00	0.001	0.002	0.002	0.002	0.001	0.003	0.002
λ_{24}		0.002		0.001	0.001	0.002	0.001	0.003
λ_{25}		0.002		0.002	0.002	0.003		0.001
λ_{26}				0.001	0.001			0.002
λ_{34}		0.001		0.001	0.001	0.001	0.002	0.001
λ_{35}		0.001		0.002	0.002	0.002		0.002
λ_{36}				0.001	0.002			0.001
λ_{45}		0.002		0.002	0.001	0.001		0.001
λ_{46}				0.001	0.001			0.001
λ_{56}				0.003	0.003			0.003
μ_{61}				0.03	0.05			0.04
μ_{62}				0.04	0.02			0.05
μ_{63}				0.03	0.04			0.05
μ_{64}				0.05	0.03			0.04
μ_{65}				0.03	0.05			0.03
μ_{54}		0.05		0.05	0.04	0.05		0.05
μ_{53}		0.03		0.04	0.03	0.02		0.02
μ_{52}		0.04		0.02	0.04	0.04		0.05
μ_{51}		0.03		0.05	0.02	0.03		0.04
μ_{43}		0.05		0.03	0.03	0.03	0.04	0.05
μ_{42}		0.02		0.04	0.05	0.02	0.05	0.03

续表

转移密度	制造单元							
	M_1	M_2	M_3	M_4	M_5	M_6	M_7	M_8
μ_{41}		0.03		0.03	0.02	0.03	0.03	0.05
μ_{32}	0.05	0.04	0.03	0.05	0.04	0.04	0.04	0.05
μ_{31}	0.03	0.03	0.04	0.04	0.02	0.05	0.05	0.04
μ_{21}	0.04	0.05	0.05	0.03	0.05	0.02	0.04	0.03

表 4.2　各制造单元不同状态下的生产率　(单位:件/时)

单元	状态					
	1	2	3	4	5	6
M_1	20	10	0			
M_2	25	20	15	10	0	
M_3	15	5	0			
M_4	57	49	36	27	17	0
M_5	60	50	40	30	20	0
M_6	30	20	10	5	0	
M_7	30	20	10	0		
M_8	58	48	38	28	18	0

4.4.1　制造单元脆弱性计算与分析

在正常生产状态下,令 P_{m_ij} 表示制造单元 $M_i(i=1,\cdots,8)$ 在状态 j 的概率,根据前述式(4.5)可得到制造单元 $M_1,M_2,\cdots,M_8$ 的状态转移概率方程组如下。

$$M_1,M_3:\begin{cases} P_{m_i2}\mu_{21}+P_{m_i3}\mu_{31}-P_{m_i1}(\lambda_{12}+\lambda_{13})=0 \\ P_{m_i3}\mu_{32}+P_{m_i1}\lambda_{12}-P_{m_i2}(\lambda_{23}+\mu_{21})=0 \\ P_{m_i1}\lambda_{13}+P_{m_i2}\lambda_{23}-P_{m_i3}(\mu_{32}+\mu_{31})=0 \\ P_{m_i1}+P_{m_i2}+P_{m_i3}=1 \end{cases}$$

$$M_2,M_6:\begin{cases} P_{m_i2}\mu_{21}+P_{m_i3}\mu_{31}+P_{m_i4}\mu_{41}+P_{m_i5}\mu_{51}-P_{m_i1}(\lambda_{12}+\lambda_{13}+\lambda_{14}+\lambda_{15})=0 \\ P_{m_i3}\mu_{32}+P_{m_i4}\mu_{42}+P_{m_i5}\mu_{52}+P_{m_i1}\lambda_{12}-P_{m_i2}(\lambda_{23}+\lambda_{24}+\lambda_{25}+\mu_{21})=0 \\ P_{m_i4}\mu_{43}+P_{m_i5}\mu_{53}+P_{m_i1}\lambda_{13}+P_{m_i2}\lambda_{23}-P_{m_i3}(\lambda_{34}+\lambda_{35}+\mu_{32}+\mu_{31})=0 \\ P_{m_i5}\mu_{54}+P_{m_i1}\lambda_{14}+P_{m_i2}\lambda_{24}+P_{m_i3}\lambda_{34}-P_{m_i4}(\lambda_{45}+\mu_{43}+\mu_{42}+\mu_{41})=0 \\ P_{m_i1}\lambda_{15}+P_{m_i2}\lambda_{25}+P_{m_i3}\lambda_{35}+P_{m_i4}\lambda_{45}-P_{m_i5}(\mu_{54}+\mu_{53}+\mu_{52}+\mu_{51})=0 \\ P_{m_i1}+P_{m_i2}+P_{m_i3}+P_{m_i4}+P_{m_i5}=1 \end{cases}$$

$$M_4,M_5,M_8:\begin{cases}P_{m_i2}\mu_{21}+P_{m_i3}\mu_{31}+P_{m_i4}\mu_{41}+P_{m_i5}\mu_{51}+P_{m_i6}\mu_{61}\\-P_{m_i1}(\lambda_{12}+\lambda_{13}+\lambda_{14}+\lambda_{15}+\lambda_{16})=0\\P_{m_i3}\mu_{32}+P_{m_i4}\mu_{42}+P_{m_i5}\mu_{52}+P_{m_i6}\mu_{62}+P_{m_i1}\lambda_{12}\\-P_{m_i2}(\lambda_{23}+\lambda_{24}+\lambda_{25}+\lambda_{26}+\mu_{21})=0\\P_{m_i4}\mu_{43}+P_{m_i5}\mu_{53}+P_{m_i6}\mu_{63}+P_{m_i1}\lambda_{13}+P_{m_i2}\lambda_{23}\\-P_{m_i3}(\lambda_{34}+\lambda_{35}+\lambda_{36}+\mu_{32}+\mu_{31})=0\\P_{m_i5}\mu_{54}+P_{m_i6}\mu_{64}+P_{m_i1}\lambda_{14}+P_{m_i2}\lambda_{24}+P_{m_i3}\lambda_{34}\\-P_{m_i4}(\lambda_{45}+\lambda_{46}+\mu_{43}+\mu_{42}+\mu_{41})=0\\P_{m_i6}\mu_{65}+P_{m_i1}\lambda_{15}+P_{m_i2}\lambda_{25}+P_{m_i3}\lambda_{35}+P_{m_i4}\lambda_{45}\\-P_{m_i5}(\lambda_{56}+\mu_{54}+\mu_{53}+\mu_{52}+\mu_{51})=0\\P_{m_i1}\lambda_{16}+P_{m_i2}\lambda_{26}+P_{m_i3}\lambda_{36}+P_{m_i4}\lambda_{46}+P_{m_i5}\lambda_{56}\\-P_{m_i6}(\mu_{65}+\mu_{64}+\mu_{63}+\mu_{62}+\mu_{61})=0\\P_{m_i1}+P_{m_i2}+P_{m_i3}+P_{m_i4}+P_{m_i5}+P_{m_i6}=1\end{cases}$$

$$M_7:\begin{cases}-P_{m_i1}(\lambda_{12}+\lambda_{13}+\lambda_{14})+P_{m_i2}\mu_{21}+P_{m_i3}\mu_{31}+P_{m_i4}\mu_{41}=0\\P_{m_i1}\lambda_{12}-P_{m_i2}(\lambda_{23}+\lambda_{24}+\mu_{21})+P_{m_i3}\mu_{32}+P_{m_i4}\mu_{42}=0\\P_{m_i1}\lambda_{13}+P_{m_i2}\lambda_{23}-P_{m_i3}(\lambda_{34}+\mu_{32}+\mu_{31})+P_{m_i4}\mu_{43}=0\\P_{m_i1}\lambda_{14}+P_{m_i2}\lambda_{24}+P_{m_i3}\lambda_{34}-P_{m_i4}(\mu_{41}+\mu_{42}+\mu_{43})=0\\P_{m_i1}+P_{m_i2}+P_{m_i3}+P_{m_i4}=1\end{cases}$$

由上述制造单元 $M_1,M_2,\cdots,M_8$ 的状态转移方程，代入状态转移密度 λ、μ 的值，可计算得到各制造单元不同状态的理论概率如下。

$$M_1:\begin{cases}P_{11}=0.9274\\P_{12}=0.0603\\P_{13}=0.0123\end{cases}$$

$$M_2:\begin{cases}P_{21}=0.8669\\P_{22}=0.0605\\P_{23}=0.0433\\P_{24}=0.0221\\P_{25}=0.0072\end{cases}$$

$$M_3:\begin{cases}P_{31}=0.9588\\P_{32}=0.0267\\P_{33}=0.0145\end{cases}$$

$$M_4:\begin{cases}P_{41}=0.8268\\P_{42}=0.1029\\P_{43}=0.0330\\P_{44}=0.0185\\P_{45}=0.0131\\P_{46}=0.0057\end{cases}$$

$$M_5:\begin{cases}P_{51}=0.8408\\P_{52}=0.0845\\P_{53}=0.0348\\P_{54}=0.0176\\P_{55}=0.0167\\P_{56}=0.0056\end{cases}$$

$$M_6:\begin{cases}P_{61}=0.8406\\P_{62}=0.1005\\P_{63}=0.0213\\P_{64}=0.0289\\P_{65}=0.0087\end{cases}$$

$$M_7:\begin{cases}P_{71}=0.8917\\P_{72}=0.0641\\P_{73}=0.0284\\P_{74}=0.0159\end{cases}$$

$$M_8:\begin{cases}P_{81}=0.8328\\P_{82}=0.1010\\P_{83}=0.0334\\P_{84}=0.0151\\P_{85}=0.0123\\P_{86}=0.0053\end{cases}$$

根据求得的各制造单元状态的概率，利用式(4.4)求得 $M_1, M_2, \cdots, M_8$ 的生成函数如下。

$$\mu_{M_1}(z)=0.9267z^{20}+0.0596z^{10}+0.0126z^{0}$$

$$\mu_{M_2}(z)=0.8509z^{25}+0.0591z^{20}+0.0396z^{15}+0.0225z^{10}+0.0074z^{0}$$

$$\mu_{M_3}(z)=0.9588z^{15}+0.0267z^{5}+0.0145z^{0}$$

$$\mu_{M_4}(z)=0.8268z^{57}+0.1029z^{49}+0.0330z^{36}+0.0185z^{27}+0.0131z^{17}+0.0057z^{0}$$

$$\mu_{M_5}(z)=0.8408z^{60}+0.0845z^{50}+0.0348z^{40}+0.0176z^{30}+0.0167z^{20}+0.0056z^{0}$$

$$\mu_{M_6}(z)=0.8388z^{30}+0.1005z^{20}+0.0212z^{10}+0.0289z^{5}+0.0091z^{0}$$

$\mu_{M_7}(z) = 0.8917z^{30} + 0.0641z^{20} + 0.0284z^{10} + 0.0159z^0$

$\mu_{M_8}(z) = 0.8328z^{58} + 0.1010z^{48} + 0.0334z^{38} + 0.0151z^{28} + 0.0123z^{18} + 0.0053z^0$

根据公式(4.7)计算各单元在故障时的脆性熵值如下。

$$H_{M_1} = 0.4238(\text{bit})$$
$$H_{M_2} = 0.7994(\text{bit})$$
$$H_{M_3} = 0.2863(\text{bit})$$
$$H_{M_4} = 0.9578(\text{bit})$$
$$H_{M_5} = 0.9232(\text{bit})$$
$$H_{M_6} = 0.8731(\text{bit})$$
$$H_{M_7} = 0.6424(\text{bit})$$
$$H_{M_8} = 0.9271(\text{bit})$$

从各制造单元故障时的脆性熵的计算结果可以看出，8 个制造单元中脆弱性熵值最小的是 H_{M_3}，最大的是 H_{M_4}，其中 M_1 和 M_3 的状态数为 3，而 M_4、M_5 和 M_8 的状态数为 6，说明单元的状态数较多时，其对应的脆性熵值较大。基于脆性熵理论，单元的脆性熵值越大，其存在的不确定性越大，遇到故障、风险时对系统产生的危害也就越大。

4.4.2 制造系统脆弱性分析

该混流制造系统 M_1、M_2、M_3 和 M_6、M_7 并联，其余与缓冲区串联，利用式(4.16)所示并联的运算算子，求得 M_1、M_2、M_3 的通用生成函数 $\mu_{M_1'}(z)$和 M_6、M_7 的通用生成函数 $\mu_{M_6'}(z)$如下：

$$\begin{aligned}\mu_{M_1'}(z) = {} & 0.7560z^{60} + 0.0525z^{55} + 0.1049z^{50} + 0.0363z^{45} + 0.0157z^{40} \\ & + 0.0105z^{35} + 0.00118z^{30} + 0.00112z^{25} + 0.000143z^{20} + 0.000116z^{15} \\ & + 0.0000105z^{10} + 0.00000249z^{5} + 1.352 \times 10^{-6}z^0\end{aligned}$$

$$\begin{aligned}\mu_{M_6'}(z) = {} & 0.748z^{60} + 0.11434z^{50} + 0.0492z^{40} + 0.0258z^{35} + 0.0257z^{30} \\ & + 0.000185z^{25} + 0.000278z^{20} + 0.000082z^{15} \\ & + 0.0000595z^{10} + 0.0000496z^{5} + 0.1447 \times 10^{-3}z^0\end{aligned}$$

正常工作状态下的生产率都可以看成是生成线的生产率，即该生产线的生产率为 57 件/时，堵塞或饥饿时的生产率为 0。因此，根据缓冲区不同状态的概率，可得缓冲区 B_1、B_2、B_3、B_4 的生成函数如下。

$$\mu_{B_1}(z) = \mu_{B_4}(z) = 0.9048z^{57} + 0.0952z^0$$
$$\mu_{B_2}(z) = \mu_{B_3}(z) = 0.9355z^{57} + 0.0645z^0$$

这样，原系统等效为 M_1 与 M_4、M_5、M_6、M_8 以及缓冲区一起组成的串联系统，利用式(4.15)的串联复合运算算子$\otimes_f$ 和公式(4.17)计算得到整个系统的生产函数如下。

$$
\begin{aligned}
\mu_S(z) &= \bigotimes_f(\mu_{M_1'}(z),\mu_{M_4}(z),\mu_{M_5}(z),\mu_{M_6'}(z),\mu_{M_8}(z),\mu_{B_1}(z),\mu_{B_2}(z),\mu_{B_3}(z),\\
&\quad \mu_{B_4}(z))\\
&= 0.2346z^{57}+0.01629z^{55}+0.1087z^{50}+0.04475z^{49}+0.04903z^{48}\\
&\quad +0.01802z^{45}+0.05418z^{40}+0.01879z^{38}+0.01932z^{36}+0.02226z^{35}\\
&\quad +0.02784z^{30}+0.00958z^{28}+0.01193z^{27}+0.00085z^{25}+0.01115z^{20}\\
&\quad +0.0081z^{18}+0.00875z^{17}+0.000135z^{15}+0.000048z^{10}\\
&\quad +0.00003596z^{5}+0.2784z^{0}
\end{aligned}
$$

根据公式(4.19)，可计算出系统的临界脆性熵值，然后得到该系统任意状态下的脆弱性 V_S，如式(4.25)所示。

$$
H_{S_1}(S)=0.4907
$$

$$
H_{S_2}(S)=2.5054
$$

$$
V_S=\begin{cases} 0 & H_{m_s}<0.4907 \\ \dfrac{H_{m_s}-0.4907}{2.0147} & 0.4907\leqslant H_{m_s}\leqslant 2.5054 \\ 1 & H_{m_s}>2.5054 \end{cases} \tag{4.25}
$$

4.4.3　脆弱性结果对比分析

基于式(4.23)和式(4.25)的系统脆性熵和脆弱性计算公式，得到以系统状态为变量的系统脆弱性变化曲线，系统的脆弱性平均值为 $\overline{V_S}=0.5033$，通用生成函数法与状态熵方法的系统脆弱性对比如图 4.3 所示，两种方法计算结果基本一致。两种方法的典型输出状态下的脆弱性偏差对比如表 4.3 所示，两种方法计算的系

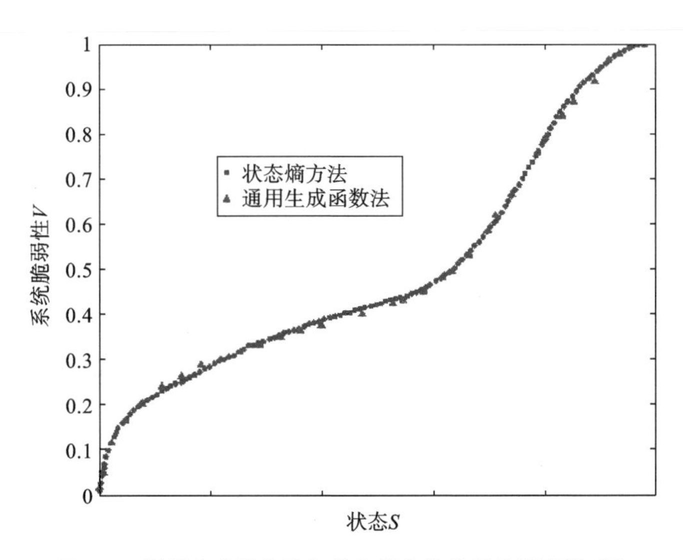

图 4.3　通用生成函数法与状态熵方法的系统脆弱性对比

表 4.3　两种方法的典型输出状态下的脆弱性偏差对比

输出状态	脆弱性		偏差率/(%)
	通用生成函数法	状态熵方法	
55	0.00745	0.00688	7.56
50	0.08936	0.08516	4.7
45	0.20403	0.20848	2.18
40	0.26321	0.26012	1.17
35	0.54874	0.55871	1.81
30	0.61865	0.60696	1.89
25	0.79591	0.78171	1.78
20	0.81475	0.81074	0.49
15	0.97591	0.97132	0.47
10	0.98019	0.98946	0.95
5	0.992595	0.99986	0.73

统脆弱性结果的最大偏差为 7.56%，说明通用生成函数法可以较好地用于多状态系统的脆弱性分析。此外，从该实例可知，如果采用状态熵方法，8 个制造单元总共有 3×6×6×6×3×5×5×4=194400 种状态需要分析计算，而采用通用生成函数法，则系统状态只有 21 种。由此可见，通用生成函数法大大降低了状态空间的规模，显著提高了脆弱性求解的效率。

4.4.4 缓冲区对系统脆弱性的影响

如果不考虑缓冲区状态对制造单元的影响，即中间缓冲区容量无限大时，系统的生成函数如下。

$$\begin{aligned}\mu'_S(z) = {} & 0.3274z^{57} + 0.02273z^{55} + 0.1517z^{50} + 0.06245z^{49} + 0.06844z^{48} \\ & + 0.02514z^{45} + 0.07561z^{40} + 0.02623z^{38} + 0.02696z^{36} + 0.03106z^{35} \\ & + 0.03886z^{30} + 0.01337z^{28} + 0.01665z^{27} + 0.01187z^{25} \\ & + 0.01556z^{20} + 0.01131z^{18} + 0.0001888z^{15} + 0.0000672z^{10} \\ & + 0.00005008z^{5} + 0.01558z^{0}\end{aligned}$$

基于式(4.19)、式(4.23)、式(4.24)等得到不考虑缓冲区时的系统脆弱性，如式(4.26)所示。

$$V'_S = \begin{cases} 0 & H_{m_s} < 0.5274 \\ \dfrac{H_{m_s} - 0.5274}{2.6043} & 0.5274 \leqslant H_{m_s} \leqslant 3.1317 \\ 1 & H_{m_s} > 3.1317 \end{cases} \tag{4.26}$$

根据系统通用生成函数模型，计算得到不同状态下系统脆弱性的平均值$\overline{V'_S}=0.6052$，与考虑缓冲区影响的系统脆弱性比较，其差异率如下。

$$\sigma=\left|\frac{\overline{V_S}-\overline{V'_S}}{\overline{V_S}}\right|\times 100\% = 20.25\%$$

由此可以看出，不考虑缓冲区状态影响的情况下，系统的脆弱性比考虑缓冲区影响的情况下大20.25%，即中间缓冲区的设置降低了系统的脆弱性，提高了系统的稳定性，但同时，缓冲区的增加会增加系统的复杂性，使得控制、理解系统变得更加复杂。

4.5　小　　结

(1) 基于状态熵的制造系统脆弱性评估方法在面对多状态制造系统组合的问题时，分析计算比较麻烦，导致其实用性受到很大影响。为此，针对多状态组合情况下状态熵方法难以求解系统脆弱性的问题，在分析系统内各单元、子系统状态的基础上，提出了基于通用生成函数的脆弱性分析方法。

(2) 通过制造单元状态转移方程，求解各单元在不同状态下的概率，建立单元的通用生成函数，然后利用串联、并联的通用生成函数构造运算算子，得到整个系统的通用生成函数模型，并以此为基础，基于信息熵原理，定义制造系统的临界脆性熵，建立系统的脆弱性评估模型。

(3) 以某混流制造系统为例，采用本章提出的基于通用生成函数的脆弱性评价计算方法，计算得到系统的脆弱性评估指标数值，分析了制造单元脆弱性与其状态之间的相关性。通过与状态熵方法的计算结果对比，证明该方法在保证计算结果准确性的基础上可以大大提高计算的效率，有利于脆弱性评价的实际应用。

参考文献

[1] NEWSOME J, BRUMLEY D, SONG D X. Vulnerability-specific execution filtering for exploit prevention on commodity software[C]. //Network & Distributed System Security Symposium. DBLP, 2006.

[2] DESMIT Z, ELHABASHY A E, WELLS L J, et al. An approach to cyber-physical vulnerability assessment for intelligent manufacturing systems[J]. Journal of Manufacturing Systems, 2017, 43: 339-351.

[3] FUCHS S, BIRKMANN J, GLADE T. Vulnerability assessment in natural hazard and risk analysis: current approaches and future challenges[J]. Natural Hazards, 2012, 64: 1969-1975.

[4] 张旺勋，李群，王维平. 体系安全性问题的特征、形式及本质分析[J]. 中国安全科学学报，2014，24(9)：88-94.

[5] UTNE I B, HOKSTAD P, VATN J. A method for risk modeling of interdependencies in critical infrastructures[J]. Reliability Engineering & System Safety,2011,96(6):671-678.

[6] KJØLLE G H, UTNE I B, GJERDE O. Risk analysis of critical infrastructures emphasizing electricity supply and interdependencies[J]. Reliability Engineering & System Safety,2012,105(3):80-89.

[7] KAEGI M, MOCK R, KRÖGER W. Analyzing maintenance strategies by agent-based simulations: A feasibility study[J]. Reliability Engineering & System Safety,2009,94(9):1416-1421.

[8] BOMPARD E, NAPOLI R, XUE F. Assessment of information impacts in power system security against malicious attacks in a general framework[J]. Reliability Engineering & System Safety,2009,94(6):1087-1094.

[9] CAVDAROGLU B, HAMMEL E, MITCHELL J E, et al. Integrating restoration and scheduling decisions for disrupted interdependent infrastructure systems[J]. Annals of Operations Research, 2013, 203: 279-294.

[10] ZIO E, FERRARIO E. A framework for the system-of-systems analysis of the risk for a safety-critical plant exposed to external events[J]. Reliability Engineering & System Safety,2013,114:114-125.

[11] KOLLIKKATHARA N, FENG H, YU D. A system dynamic modeling approach for evaluating municipal solid waste generation, landfill capacity and related cost management issues[J]. Waste Management,2010,30(11): 2194-2203.

[12] WANG S L, YUE X. Vulnerability analysis of interdependent infrastructure systems[J]. Application Research of Computers, 2014, 51 (1):328-337.

[13] ALBINO V, GARAVELLI A C. A methodology for the vulnerability analysis of just-in-time production systems[J]. International Journal of Production Economics,1995,41(1-3):71-80.

[14] NOF S Y, MOREL G, MONOSTORI L, et al. From plant and logistics control to multi-enterprise collaboration[J]. Annual Reviews in Control, 2006,30(1):55-68.

[15] CHEMINOD M, BERTOLOTTI IC, DURANTE L, et al. On the analysis of vulnerability chains in industrial networks[C]//Proceedings of international workshop on factory communication systems. IEEE, 2008: 215-224.

[16] KÓCZA G,BOSSCHE A. Application of the integrated reliability analysis system[J]. Reliability Engineering & System Safety. 1999,64(1):99-107.

[17] 柳剑,张根保,李冬英,等. 基于脆性理论的多状态制造系统可靠性分析[J]. 计算机集成制造系统,2014,20(1):155-164.

[18] 高贵兵,岳文辉,张人龙. 基于状态熵的制造系统结构脆弱性评估方法[J]. 计算机集成制造系统,2017,23(10):2211-2220.

[19] LEVITIN G. The Universal Generating Function in Reliability Analysis and Optimization[M]. London:Springer,2005.

[20] 高贵兵,岳文辉,张道兵,等. 基于马尔可夫过程的混流装配线缓冲区容量研究[J]. 中国机械工程,2013,24(18):2524-2528.

第5章　基于Lz变换函数的评估方法

【核心内容】

针对现有混流制造系统脆弱性评估方法的不足，在考虑系统性能参数实时变化的情况下，提出一种基于Lz变换的脆弱性评估方法。

(1) 利用离散时间马尔科夫原理求得制造单元不同状态的瞬时概率，基于系统的结构特征和Lz变换原理、通用生成函数的串并联运算算子等得到制造单元和系统的Lz变换函数。

(2) 根据混流制造系统脆弱性定义和系统的Lz变换函数，以其可用度、输出期望值和瞬时性能缺陷值等作为脆弱性评估指标，建立了混流制造系统的脆弱性评估模型。

(3) 以一个7个制造单元的混流制造系统为例，通过求解系统的Lz变换函数，建立基于可用度、输出期望值、瞬时性能缺陷值等评估指标的脆弱性评估模型，得到系统的脆弱性实时变化曲线。

5.1　引　　言

脆弱性评估是系统安全分析、设计领域的一个有用的手段。脆弱性指系统的组成要素受到各种内外干扰、破坏后系统的性能损失程度。制造系统的脆弱性是其设备、程序等在受到内外攻击和威胁时，系统整体性能的下降或损失。制造系统的脆弱性来源于软件和硬件两个方面，系统软件方面包括编码错误、流程缺陷或者不合理的交互设计等，系统硬件方面包括设计缺陷、故障等。脆弱性随时有可能导致系统产生巨大的损失，因此，准确地评估系统脆弱性，及时地找出潜在的风险和故障，及早进行有效的预防或者升级改造，提升系统的稳健性，对制造系统的安全运行具有重要意义。

Balasundaram 指出生产系统脆弱性来自外界的不确定性，但没有提供脆弱性的量化评价方法；Khakzad 和 Gelder 指出生产网络脆弱性受到各种内外因素的影响，但他们没有考虑系统结构对于脆弱性的影响，没有给出效能损失的量化评价标准；近年来，Desmit 等采用交叉映射原理识别智能制造系统的物理漏洞，用决策树模型分析漏洞的影响大小，设立红绿灯刻度为生产者提供直观的脆弱性评估结果，为企业提供安全监控，但他们主要的关注点在于制造企业的信息安全；高贵兵等基于状态熵的原理和复杂网络原理等提出了 2 种不同的脆弱性评估方法，但基于状态熵原理的评估方法在遇到状态的组合爆炸问题时求解困难，而基于复杂网络的评估方法也无法考虑系统性能参数变化的情况，与实际情况有较大的差距。总之，现有各种脆弱性评估模型仅局限于参数、状态可以精确计算的情况，并未探究系统性能参数变化对脆弱性的影响，而采用的信息熵理论、马尔科夫模型和复杂网络模型等难以描述清楚系统内部参数的变化所导致的脆弱性变化。相比较状态熵模型的状态空间爆炸问题和通用生成函数方法参数固定不变问题，Lz 变换的建模过程虽然相对状态熵方法要稍微复杂，但能在很大程度上缓解状态空间爆炸问题，也能通过对其建模方法的扩充和改进，准确地反映系统参数的实时变化情况。

本文利用 Lz 变换的方法对混流制造系统的脆弱性进行评估。首先，建立制造单元的微分方程组，求解制造单元在各种状态下的瞬时概率分布，得到单元的 Lz 变换；其次，基于系统的结构特征、制造单元的 Lz 变换和通用生成函数的串、并联运算算子，得到混流制造系统的 Lz 变换；再次，基于脆弱性的定义，以可用度、输出期望值和瞬时性能缺陷值等为评估指标，建立系统的脆弱性评估模型；最后，以一个典型算例验证该方法的可行性，扩展脆弱性评估的实际用途。

5.2　多状态系统的 Lz 变换

Lz 变换在通用生成函数方法的基础上融合了随机过程，使多状态系统的瞬时可用度、敏感度等得到有效评估。

5.2.1　时变多状态单元的 Lz 变换

对于一个包含 K 个离散状态的连续时间马尔科夫过程 $G(t)\in\{g_1,g_2,\cdots,g_K\}$ $(t>0)$，可用状态集 $g=\{g_1,g_2,\cdots,g_K\}$、转移概率矩阵 $\boldsymbol{B}=|b_{i,j}|(i,j=1,2,\cdots,K)$ 和对应的初始概率分布 $P_0=\{p_i(t_0)\}$ 来表示，即可用式(5.1)完整的定义该马尔科夫过程。

$$P_0=\{p_{10}=P_r\{G(0)=g_1\},\cdots,p_{k0}=P_r\{G(0)=g_K\}\} \tag{5.1}$$

式中，g_k 表示任意状态 $k(k=1,2,\cdots,K)$ 的性能。

因此，对于任意时变多状态单元，设其在 $t(t>0)$ 时刻的处于状态 g_i 的概率为 $p_i(t)$，则基于单元的转移概率矩阵 $\boldsymbol{B}$ 和马尔科夫状态转移理论，可以建立如式(5.2)所示的状态转移方程。

$$\begin{cases} \dfrac{\mathrm{d}p_1(t)}{\mathrm{d}t}=b_{11}(t)p_1(t)+b_{12}(t)p_2(t)+\cdots+b_{1K}(t)p_K(t) \\ \dfrac{\mathrm{d}p_2(t)}{\mathrm{d}t}=b_{21}(t)p_1(t)+b_{22}(t)p_2(t)+\cdots+b_{2K}(t)p_K(t) \\ \qquad\vdots \\ \dfrac{\mathrm{d}p_K(t)}{\mathrm{d}t}=b_{K1}(t)p_1(t)+b_{K2}(t)p_2(t)+\cdots+b_{KK}(t)p_K(t) \end{cases} \tag{5.2}$$

根据初始条件 $P_0=\{p_{10},\cdots,p_{k0}\}$，通过拉普拉斯变换解此方程组，得到单元在任意 t 时刻时处于状态 g_i 的概率为 $p_i(t)$。

则可将上述离散状态的连续时间马尔科夫过程 $G(t)=\langle g,\boldsymbol{B},P_0\rangle$，时变多状态单元的 Lz 变换函数 $\mu(z,t,p_i)$ 定义如式(5.3)所示。

$$\mathrm{Lz}\{G(t)\}=\mu(z,t,p_i)=\sum_{i=1}^{K}p_i(t)z^{g_i} \tag{5.3}$$

5.2.2 时变多状态系统的 Lz 变换

对于时变多状态系统，它一般有多个不同的单元混联而成，不同的单元包含有不同的工作状态。设多状态系统包含 n 个单元，令任意单元 $M_j(j=1,2,\cdots,n)$ 包含有 k_j 种状态，各状态的取值用集合 $g_{jk}=\{g_{j1},g_{j2},\cdots,g_{jK}\}$ 表示。

基于马尔科夫离散过程，建立单元 M_j 的状态转移方程，可求得任意单元 M_j 在初始条件下的任意状态下概率如式(5.4)所示。

$$P_{jk}(t)=P_{\mathrm{r}}\{G_j(t)=g_{jk}\}\quad k=1,2,\cdots,k_j \tag{5.4}$$

基于前述单元的 Lz 变换模型，则系统中任意单元 M_j 的 Lz 变换如式(5.5)所示。

$$\mathrm{Lz}\{G_j(t)\}=\sum_{i=1}^{k_j}p_{ji}(t)z^{g_{ji}}\quad j=1,2,\cdots,n \tag{5.5}$$

则对于混联有 n 个单元的多状态系统，其 Lz 变换如式(5.6)所示。

$$\mathrm{Lz}\{G_s(t)\}=\Omega_f\{\mathrm{Lz}\{G_1(t)\},\mathrm{Lz}\{G_2(t)\},\cdots,\mathrm{Lz}\{G_n(t)\}\} \tag{5.6}$$

式中，Ω_f 为基于系统结构相依关系和性能关系所定义的运算符，具体如下。

(1) 对于两个串联的单元 M_i，M_j，其 Lz 变换函数的运算算子如式(5.7)所示。

$$\Omega_{f_{\text{ser}}} = \text{Lz}\{\{G_i(t)\},\text{Lz}\{G_j(t)\}\} = \sum_{i=1}^{m_i}\sum_{j=1}^{m_j} p_{m_i}(t)p_{m_j}(t)z^{\min(g_{m_i},g_{m_j})} \quad (5.7)$$

(2) 对于两个并联的单元 M_i、M_j，其通用生成函数的运算算子如式(5.8)所示。

$$\Omega_{f_{\text{par}}} = \text{Lz}\{\{G_i(t)\},\text{Lz}\{G_j(t)\}\} = \sum_{i=1}^{m_i}\sum_{j=1}^{m_j} p_{m_i}(t)p_{m_j}(t)z^{g_{m_i}+g_{m_j}} \quad (5.8)$$

5.3　基于 Lz 变换的混流制造系统脆弱性建模与分析

5.3.1　脆弱性的定义

脆弱性指系统遭受外界干扰和破坏后的系统性能损失程度，可以用式(5.9)表示

$$V[S,F] = 1 - \frac{\Phi(F)}{\Phi(S)} \quad (5.9)$$

式中，$\Phi(S)$表示系统正常情况下的性能；$\Phi(F)$表示系统遭受干扰和破坏后系统性能的损失。因此，混流制造系统脆弱性的定义如式(5.10)所示。

$$V_{M_S}[S,F] = 1 - \frac{\Phi_{M_S}(F)}{\Phi_{M_S}(S)} \quad (5.10)$$

式中，$\Phi_{M_S}(S)$表示评估指标在正常情况下的理论值；$\Phi_{M_S}(F)$表示系统受到干扰和破坏后的期望值。

混流制造系统的脆弱性评估，合理的性能指标选择非常关键。混流制造系统的性能指标主要包括生产率、生产能力、生产均衡性、可靠性、设备利用率等。考虑到系统的生产率包括静态生产率、动态生产率等指标，而影响生产率的因素又包括企业内部的软件、硬件和外部的人力、技术和管理等诸多因素，因此在评估混流制造系统的脆弱性时，暂时不考虑生产率指标。同样，对于设备利用率、生产能力、生产均衡性等其他指标均没有考虑。本章以系统可靠性指标中的可用度、输出期望值和瞬时性能缺陷值等指标来衡量系统的脆弱性。

5.3.2　制造单元的 Lz 变换

根据式(2.1)微分方程组的初始条件对方程组进行求解，可得到制造单元任意状态的概率值 $p_j(t)$。根据前述 Lz 变换的定义，可得制造单元的 Lz 变换

$$\mathrm{Lz}\{G_i(t)\} = \sum_{j=1}^{m_i} p_{ij}(t) z^{g_{ij}} \quad i = 1,2,\cdots,n \tag{5.11}$$

5.3.3 混流制造系统的 Lz 变换

如图 5.1 所示为多个不同的制造单元混联构成的混流制造系统，对该系统进行 Lz 变换的关键是理清其系统结构的关键。首先，基于 Lz 变换的原理与制造单元状态分析结果，根据式(5.11)求出制造单元的 Lz 变换函数 $\mathrm{Lz}\{G_i(t)\}$，然后，利用通用生成函数运算算子求解得到系统的 Lz 变换函数如式(5.12)所示。

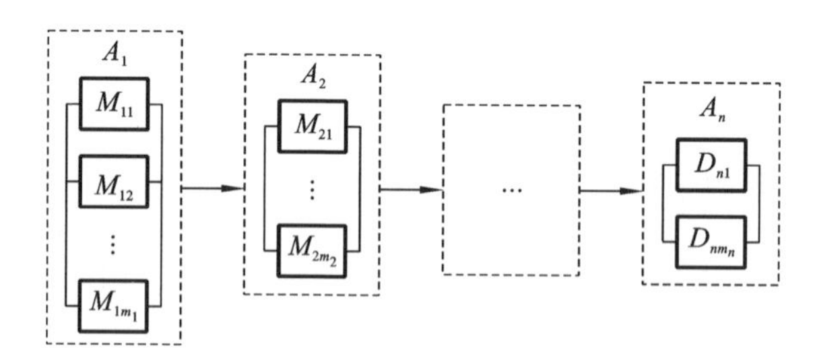

图 5.1 多个不同制造单元混联构成的混流制造系统

$$\begin{aligned}\mathrm{Lz}\{G_M(t)\} = {} & \Omega_f\{\Omega_{f_1}\{\mathrm{Lz}\{G_{M_1}(t)\}\},\mathrm{Lz}\{G_{B_1}(t)\},\\ & \Omega_{f_2}\{\mathrm{Lz}\{G_{M_2}(t)\}\},\cdots,\mathrm{Lz}\{G_{B_b}(t)\},\Omega_{f_n}\{\mathrm{Lz}\{G_{M_n}(t)\}\}\}\end{aligned} \tag{5.12}$$

其中 f 是混流制造系统的结构函数，对于图 5.1 所示的混流制造系统，其结构函数如式(5.13)所示。

$$\begin{aligned}f = \min\{ & (G_{M_{11}}(t) + G_{M_{11}}(t) + \cdots + G_{M_{1m_1}}(t)), G_{B_1}(t),\\ & (G_{M_{21}}(t) + \cdots + G_{M_{2m_2}}(t)),\cdots,G_{B_b}(t),(G_{M_{n1}}(t) + \cdots + G_{M_{nm_n}}(t))\}\end{aligned} \tag{5.13}$$

因为制造单元混联在一起，根据前述单元的 Lz 变换和系统的结构函数，即可得到如式(5.14)所示的 Lz 变换函数。

$$\mathrm{Lz}\{G_M(t)\} = \Omega_{f_{\mathrm{ser}}}\left\{\begin{array}{c}\Omega_{f_{\mathrm{par}}}\{\mathrm{Lz}\{G_{M_{11}}(t)\},\cdots,\mathrm{Lz}\{G_{M_{1m_1}}(t)\}\},\\ \mathrm{Lz}\{G_{B_1}(t)\},\Omega_{f_{\mathrm{par}}}\left\{\begin{array}{c}\mathrm{Lz}\{G_{M_{21}}(t)\},\cdots,\\ \mathrm{Lz}\{G_{M_{2m_2}}(t)\}\end{array}\right\},\cdots,\\ \mathrm{Lz}\{G_{B_b}(t)\},\Omega_{f_{\mathrm{par}}}\{\mathrm{Lz}\{G_{M_{n1}}(t)\},\cdots,\mathrm{Lz}\{G_{M_{nm_n}}(t)\}\}\end{array}\right\} \tag{5.14}$$

式中，$\Omega_{f_{\mathrm{ser}}}$ 和 $\Omega_{f_{\mathrm{par}}}$ 分别为串联运算算子和并联运算算子。

对于两个串联的制造单元 M_i，M_j，其 Lz 变换的运算算子如式(5.15)所示。

$$\begin{aligned}\Omega_{f_{\mathrm{ser}}}\{\mathrm{Lz}\{G_{M_i}(t)\},\mathrm{Lz}\{G_{M_j}(t)\}\} &= \Omega_{f_{\mathrm{ser}}}\left\{\sum_{i=1}^{m_i} p_i(t)z^{g_i},\sum_{j=1}^{m_j} p_j(t)z^{g_j}\right\}\\ &= \sum_{i=1}^{m_i}\sum_{j=1}^{m_j} p_i(t)p_j(t)z^{\min(g_i,g_j)}\end{aligned} \tag{5.15}$$

对于两个并联的制造单元 M_i，M_j，其 Lz 变换的运算算子如式(5.16)所示。

$$\begin{aligned}\Omega_{f_{\mathrm{par}}}\{\mathrm{Lz}\{G_{M_i}(t)\},\mathrm{Lz}\{G_{M_j}(t)\}\} &= \Omega_{f_{\mathrm{par}}}\left\{\sum_{i=1}^{m_i} p_i(t)z^{g_i},\sum_{j=1}^{m_j} p_j(t)z^{g_j}\right\}\\ &= \sum_{i=1}^{m_i}\sum_{j=1}^{m_j} p_i(t)p_j(t)z^{g_i+g_j}\end{aligned} \tag{5.16}$$

利用并联运算算子和串联运算算子计算，最终得到如式(5.17)所示的混流制造系统的 Lz 变换。

$$\mathrm{Lz}\{G_M(t)\} = \sum_{M_S=1}^{m_S} p_{M_S}(t)z^{g_{M_S}} \tag{5.17}$$

式中，g_{M_S} 为混流制造系统可能的输出状态。

5.3.4　基于 Lz 变换的混流制造系统脆弱性分析

制造单元的可靠性反映了单元在规定时间、条件下完成预定功能的能力，是单元的主要性能参数，在本书中用可靠性指标的变化来衡量单元的脆弱性。在进行脆弱性分析时，要重点关注单元在指定性能水平 ω 时的可用度 $A_\omega(t)$、性能输出期望平均值 $\overline{G}(t)$ 和瞬时性能缺陷均值 $D_\omega(t)$。

则基于系统的 Lz 变换函数和可靠性理论，任意时刻 t 给定生产水平 ω 时混流制造系统 M_S 的可用度如式(5.18)所示。

$$A_\omega(t) = \sum_{g_{M_S}>\omega} p_{M_S}(t) \tag{5.18}$$

假设制造单元在受到干扰破坏前为正常工作状态，受到干扰或破坏后降级运行，则单元的可用度下降，此时单元的可用度如式(5.19)所示。

$$A_{\omega'}(t) = \sum_{g_{M_S}>\omega'} p_{ij}(t) \tag{5.19}$$

根据脆弱性的定义，则基于可用度的制造单元脆弱性可定义为如式(5.21)所示。

$$V_M^A[S,F] = 1 - \frac{A_{\omega'}(t)}{A_\omega(t)} \tag{5.20}$$

性能输出期望平均值$\overline{G_{M_S}}(t)$是决定混流制造系统生命周期的一个重要参数，当输出门槛 ω 满足要求时，系统输出的均值如式(5.21)所示。

$$\overline{G_{M_S}}(t) = E\{G(t)\} = \sum_{M_S=1}^{m_S} g_{M_S} p_{M_S}(t) \tag{5.21}$$

假设混流制造系统在受到干扰破坏前为正常工作状态，受到干扰或破坏后降级到 ω' 水平，则系统的输出余量的均值下降，性能输出期望平均值$\overline{G_{M'_S}}(t)$如式(5.22)所示。

$$\overline{G_{M'_S}}(t) = E\{G(t)\} = \sum_{g_{M_S} \geqslant \omega'} g_{M_S} p_{M_S}(t) \tag{5.22}$$

则基于性能输出期望平均值的混流制造系统脆弱性可定义为如式(5.23)所示。

$$V_M^G[S,F] = 1 - \frac{\overline{G_{M'_S}}(t)}{\overline{G_{M_S}}(t)} \tag{5.23}$$

同理，系统任意时刻的性能缺陷 $D_\omega(t)$ 反映系统偏离正常生产的状况，如式(5.24)所示。

$$D_\omega^{M_S}(t) = \sum_{M_S=1}^{m_S} p_{M_S}(t) \max\{\omega - g_{M_S}, 0\} \tag{5.24}$$

混流制造系统受到干扰或破坏后降级到 ω' 水平，则系统的瞬时性能缺陷上升，如式(5.25)所示。

$$D_{\omega'}^{M_S}(t) = \sum_{M_S=\omega'}^{m_S} p_{M_S}(t) \max\{\omega' - g_{M_S}, 0\} \tag{5.25}$$

基于瞬时性能缺陷 $D_\omega(t)$ 的制造系统脆弱性可定义如式(5.26)所示。

$$V_M^D[S,F] = 1 - \frac{\omega - D_{\omega'}^{M_S}(t)}{\omega - D_\omega^{M_S}(t)} \tag{5.26}$$

5.4　算例分析

如图 5.2 所示为某混流制造系统，该系统由 7 个制造单元构成，制造单元 M_1，M_2，M_3 并联，D_1，D_2 并联，每个制造单元均存在正常工作、降级运行和完全故障等状态，各制造单元的状态转移如图 5.3 所示，各制造单元不同状态下的生产率如表 5.1 所示。其中 M_1，M_2，M_3 单元的失效率和修复率为 $\lambda^{M_1}=4$/年，$\lambda^{M_1} t=(0.1+$

$0.36t^2$)/年，$\mu^{M_1}=100$/年。A_2 单元的失效率和修复率为 $\lambda^{M_2}=0.6$/年，$\lambda^{M_2}t=(0.15+0.15t^2)$/年，$\mu^{M_2}=180$/年，$D_1$，$D_2$ 单元的失效率和修复率为 $\lambda^{M_3}=2$/年，$\lambda^{M_3}t=(0.2+0.26t^2)$/年，$\mu^{M_3}=120$/年，$A_4$ 单元的失效率和修复率为 $\lambda^{M_4}=0.3$/年，$\lambda^{M_4}t=(0.16+0.24t^2)$/年，$\mu^{M_4}=200$/年。

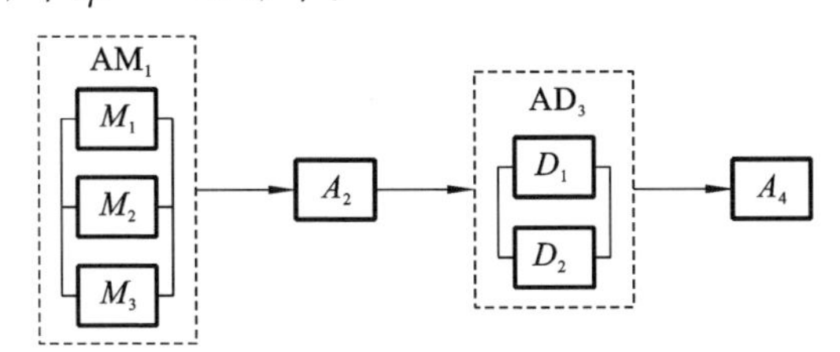

图 5.2　某混流制造系统

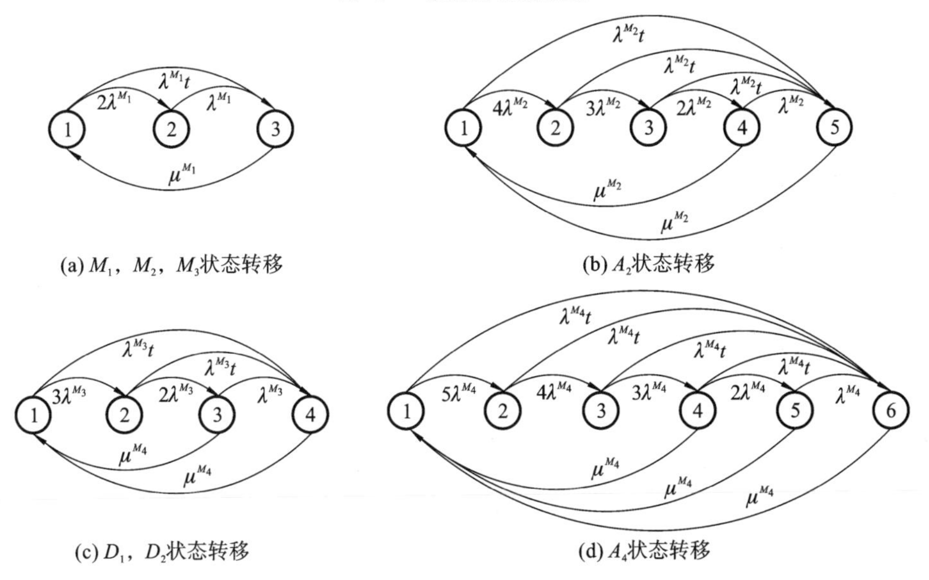

图 5.3　各制造单元状态转移

表 5.1　各单元不同状态下的生产率　　（单位：件/时）

单元	状态					
	1	2	3	4	5	6
M_1	30	10	0			
M_2	30	10	0			
M_3	30	10	0			
A_2	90	70	40	20	0	
D_1	45	30	15	0		
D_2	45	30	15	0		
A_4	90	70	50	30	15	0

5.4.1 AM_1 和 AD_3 的 Lz 变换

AM_1 由 3 个单元并联而成，每一个子单元有三种状态，$g^{M_i}=\{g_1^{M_i},g_2^{M_i},g_3^{M_i}\}=\{30,10,0\}$，因此整个 AM_1 有 9 种状态，即 $g^{AM_1}=\{g_1^{AM_1},\cdots,g_9^{AM_1}\}=\{90,70,60,50,40,30,20,10,0\}$，基于图 5.4 所示 M_i 的状态转移图和马尔科夫模型，对于 AM_1 中的任意 M_i，可以建立如式(5.27)所示的微分方程。

$$\frac{\mathrm{d}p_i^{AM_1}(t)}{\mathrm{d}t}=p_i^{AM_1}(t)\boldsymbol{A}^{AM_1} \tag{5.27}$$

其中

$$p_i^{AM_1}(t)=\{p_{i1}^{AM_1}(t),p_{i2}^{AM_1}(t),p_{i3}^{AM_1}(t)\}$$

$$\boldsymbol{A}^{AM_1}=\begin{pmatrix}-(2\lambda^{M_1}+\lambda^{M_1}t) & 2\lambda^{M_1} & \lambda^{M_1}t\\ 0 & -\lambda^{M_1} & \lambda^{M_1}\\ \mu^{M_1} & 0 & -\mu^{M_1}\end{pmatrix}$$

其初始条件为 $p_i^{AM_1}(0)=\{1,0,0\}$。

利用 MATLAB 求解微分方程组，即可得到给定初始条件下的 AM_1 子系统中不同制造单元在不同状态下的概率值 $p_{i1}^{AM_1}(t)(i=1,2,3)$。因此，对于 AM_1 中的三个单元 M_1、M_2、M_3，可以得到如下集合。

$$\begin{cases}g_i^{AM_1}=\{g_{i1}^{AM_1},g_{i2}^{AM_1},g_{i3}^{AM_1}\}=\{30,10,0\}\\ p_i^{AM_1}(t)=\{p_{i1}^{AM_1},p_{i2}^{AM_1},p_{i3}^{AM_1}\}\end{cases}$$

根据 $g_i^{AM_1}$ 和 $p_i^{AM_1}(t)$的取值，则任意单元 M_i 的 Lz 变换函数如式(5.28)所示。

$$\mathrm{Lz}\{G_i^{AM_1}(t)\}=\sum_{j=1}^{3}p_{ij}^{AM_1}(t)z^{g_{ij}^{AM_1}} \tag{5.28}$$

利用并联运算算子，得到 M_1、M_2、M_3 并联后的 AM_1 部分的 Lz 变换函数如式(5.29)所示。

$$\begin{aligned}\mathrm{Lz}\{G^{AM_1}(t)\}&=\Omega_{f_{\mathrm{par}}}\{\mathrm{Lz}\{G_{M_1}(t)\},\mathrm{Lz}\{G_{M_2}(t)\},\mathrm{Lz}\{G_{M_3}(t)\}\}\\&=\sum_{i=1}^{9}p_i^{AM_1}(t)z^{g_i^{AM_1}}\end{aligned} \tag{5.29}$$

其中

$$g_i^{AM_1}=\{90,70,60,50,40,30,20,10,0\}$$

$$p_1^{AM_1}(t)=p_{11}^{AM_1}(t)p_{21}^{AM_1}(t)p_{31}^{AM_1}(t)$$

$$\begin{aligned}p_2^{AM_1}(t)=&\,p_{11}^{AM_1}(t)p_{21}^{AM_1}(t)p_{32}^{AM_1}(t)+p_{12}^{AM_1}(t)p_{21}^{AM_1}(t)p_{31}^{AM_1}(t)\\&+p_{11}^{AM_1}(t)p_{22}^{AM_1}(t)p_{31}^{AM_1}(t)\end{aligned}$$

$$p_3^{AM_1}(t) = p_{11}^{AM_1}(t)p_{21}^{AM_1}(t)p_{33}^{AM_1}(t) + p_{13}^{AM_1}(t)p_{21}^{AM_1}(t)p_{31}^{AM_1}(t) + p_{11}^{AM_1}(t)p_{23}^{AM_1}(t)p_{31}^{AM_1}(t)$$

$$p_4^{AM_1}(t) = p_{11}^{AM_1}(t)p_{22}^{AM_1}(t)p_{32}^{AM_1}(t) + p_{12}^{AM_1}(t)p_{22}^{AM_1}(t)p_{31}^{AM_1}(t) + p_{12}^{AM_1}(t)p_{21}^{AM_1}(t)p_{32}^{AM_1}(t)$$

$$p_5^{AM_1}(t) = p_{11}^{AM_1}(t)p_{23}^{AM_1}(t)p_{32}^{AM_1}(t) + p_{11}^{AM_1}(t)p_{22}^{AM_1}(t)p_{33}^{AM_1}(t) + p_{13}^{AM_1}(t)p_{21}^{AM_1}(t)p_{32}^{AM_1}(t) + p_{12}^{AM_1}(t)p_{21}^{AM_1}(t)p_{33}^{AM_1}(t) + p_{12}^{AM_1}(t)p_{23}^{AM_1}(t)p_{31}^{AM_1}(t) + p_{13}^{AM_1}(t)p_{22}^{AM_1}(t)p_{31}^{AM_1}(t)$$

$$p_6^{AM_1}(t) = p_{11}^{AM_1}(t)p_{23}^{AM_1}(t)p_{33}^{AM_1}(t) + p_{13}^{AM_1}(t)p_{21}^{AM_1}(t)p_{33}^{AM_1}(t) + p_{13}^{AM_1}(t)p_{23}^{AM_1}(t)p_{31}^{AM_1}(t) + p_{22}^{AM_1}(t)p_{22}^{AM_1}(t)p_{32}^{AM_1}(t)$$

$$p_7^{AM_1}(t) = p_{13}^{AM_1}(t)p_{22}^{AM_1}(t)p_{32}^{AM_1}(t) + p_{12}^{AM_1}(t)p_{22}^{AM_1}(t)p_{33}^{AM_1}(t) + p_{12}^{AM_1}(t)p_{13}^{AM_1}(t)p_{32}^{AM_1}(t)$$

$$p_8^{AM_1}(t) = p_{13}^{AM_1}(t)p_{23}^{AM_1}(t)p_{32}^{AM_1}(t) + p_{12}^{AM_1}(t)p_{23}^{AM_1}(t)p_{33}^{AM_1}(t) + p_{13}^{AM_1}(t)p_{22}^{AM_1}(t)p_{33}^{AM_1}(t)$$

$$p_9^{AM_1}(t) = p_{13}^{AM_1}(t)p_{23}^{AM_1}(t)p_{33}^{AM_1}(t)$$

与 AM_1 类似，AD_3 由 D_1，D_2 两个单元并联而成，应首先建立如式(5.30)所示的 D_1、D_2 的微分方程

$$\frac{\mathrm{d}p_i^{AD_j}(t)}{\mathrm{d}t} = p_i^{AD_j}(t)\boldsymbol{A}^{AD_j} \tag{5.30}$$

根据初始条件利用 MATLAB 求得 D_1、D_2 两个单元的不同状态和概率的集合如下。

$$\begin{cases} g_i^{AD_1} = \{g_{i1}^{AD_1}, g_{i2}^{AD_1}, g_{i3}^{AD_1}, g_{i4}^{AD_1}\} = \{45, 30, 15, 0\} \\ p_i^{AD_1}(t) = \{p_{i1}^{AD_1}, p_{i2}^{AD_1}, p_{i3}^{AD_1}, p_{i4}^{AD_1}\} \end{cases}$$

进而可得到如式(5.31)所示单元 D_1、D_2 的 Lz 变换函数。

$$\mathrm{Lz}\{G_i^{AM_1}(t)\} = \sum_{j=1}^{4} p_{ij}^{AD_1}(t) z^{g_{ij}^{AD_1}} \tag{5.31}$$

然后利用并联运算算子，得到 D_1、D_2 并联后的 AD_1 部分的 Lz 变换函数如式(5.32)所示。

$$\mathrm{Lz}\{G^{AD_1}(t)\} = \Omega_{f_{\mathrm{par}}}\{\mathrm{Lz}\{G_{D_1}(t)\}, \mathrm{Lz}\{G_{D_2}(t)\}\} = \sum_{i=1}^{7} p_i^{AD_1}(t) z^{g_i^{AD_1}} \tag{5.32}$$

其中

$$\boldsymbol{g}_i^{\mathrm{AD}_1} = \{90,75,60,45,30,15,0\}$$

$$p_1^{\mathrm{AD}_1}(t) = p_{11}^{\mathrm{AD}_1}(t)p_{21}^{\mathrm{AD}_1}$$

$$p_2^{\mathrm{AD}_1}(t) = p_{11}^{\mathrm{AD}_1}(t)p_{22}^{\mathrm{AD}_1}(t) + p_{12}^{\mathrm{AD}_1}(t)p_{21}^{\mathrm{AD}_1}(t)$$

$$p_3^{\mathrm{AD}_1}(t) = p_{11}^{\mathrm{AD}_1}(t)p_{23}^{\mathrm{AD}_1}(t) + p_{13}^{\mathrm{AD}_1}(t)p_{21}^{\mathrm{AD}_1}(t) + p_{12}^{\mathrm{AD}_1}(t)p_{22}^{\mathrm{AD}_1}(t)$$

$$p_4^{\mathrm{AD}_1}(t) = p_{11}^{\mathrm{AD}_1}(t)p_{24}^{\mathrm{AD}_1}(t) + p_{14}^{\mathrm{AD}_1}(t)p_{21}^{\mathrm{AD}_1}(t) + p_{12}^{\mathrm{AD}_1}(t)p_{23}^{\mathrm{AD}_1}(t) + p_{13}^{\mathrm{AD}_1}(t)p_{22}^{\mathrm{AD}_1}(t)$$

$$p_5^{\mathrm{AD}_1}(t) = p_{12}^{\mathrm{AD}_1}(t)p_{24}^{\mathrm{AD}_1}(t) + p_{14}^{\mathrm{AD}_1}(t)p_{22}^{\mathrm{AD}_1}(t) + p_{13}^{\mathrm{AD}_1}(t)p_{23}^{\mathrm{AD}_1}(t)$$

$$p_6^{\mathrm{AD}_1}(t) = p_{13}^{\mathrm{AD}_1}(t)p_{24}^{\mathrm{AD}_1}(t) + p_{14}^{\mathrm{AD}_1}(t)p_{23}^{\mathrm{AD}_1}(t)$$

$$p_7^{\mathrm{AD}_1}(t) = p_{14}^{\mathrm{AD}_1}(t)p_{24}^{\mathrm{AD}_1}$$

5.4.2 A_2 和 A_4 的 Lz 变换

A_2 有 5 种状态，即 $g^{A_2}=\{g_1^{A_2},\cdots,g_5^{A_2}\}=\{90,70,40,20,0\}$，基于图 5.3 所示 A_2 的状态转移图和马尔科夫模型，对于 A_2 可以建立如式(5.33)所示的微分方程。

$$\frac{\mathrm{d}p_i^{A_2}(t)}{\mathrm{d}t} = p_i^{A_2}(t)\boldsymbol{A}^{A_2} \tag{5.33}$$

其中

$$p_i^{A_2}(t) = \{p_1^{A_2}(t),p_2^{A_2}(t),p_3^{A_2}(t),p_4^{A_2}(t),p_5^{A_2}(t)\};$$

$$\boldsymbol{A}^{A_2} = \begin{pmatrix} -(4\lambda^{M_2}+\lambda^{M_2}t) & 4\lambda^{M_2} & 0 & 0 & \lambda^{M_2}t \\ 0 & -(3\lambda^{M_2}+\lambda^{M_2}t) & 3\lambda^{M_2} & 0 & \lambda^{M_2}t \\ 0 & 0 & -(2\lambda^{M_2}+\lambda^{M_2}t) & 2\lambda^{M_2} & \lambda^{M_2}t \\ \mu^{M_2} & 0 & 0 & -(\lambda^{M_2}+\lambda^{M_2}t+\mu^{M_2}) & \lambda^{M_2}+\lambda^{M_2}t \\ \mu^{M_2} & 0 & 0 & 0 & -\mu^{M_2} \end{pmatrix}$$

该微分方程的初始条件为 $\boldsymbol{p}_i^{A_2}(0)=\{1,0,0,0,0\}$。

利用 MATLAB 求解微分方程组，可得到 $\boldsymbol{p}_i^{A_2}(t)(i=1,\cdots,5)$ 的数值解，因此，根据下列概率与状态的集合，可以得到如式(5.34)所示 A_2 的 Lz 变换函数。

$$\begin{cases} g^{A_2} = \{g_1^{A_2},\cdots,g_5^{A_2}\} = \{90,70,40,20,0\} \\ p_i^{A_2}(t) = \{p_1^{A_2}(t),p_2^{A_2}(t),p_3^{A_2}(t),p_4^{A_2}(t),p_5^{A_2}(t)\} \end{cases}$$

$$\mathrm{Lz}\{G^{A_2}(t)\} = \sum_{i=1}^{5} p_i^{\mathrm{AM}_1}(t)z^{g_i^{A_2}} \tag{5.34}$$

同理可以得到 A_4 的概率与状态的集合以及如式(5.35)所示 A_4 的 Lz 变换函数。

$$\begin{cases} g^{A4} = \{g_1^{A_4}, \cdots, g_5^{A_4}\} = \{90,70,50,30,15,0\} \\ p_i^{A_4}(t) = \{p_1^{A_4}(t), p_2^{A_4}(t), p_3^{A_4}(t), p_4^{A_4}(t), p_5^{A_4}(t), p_6^{A_4}(t)\} \end{cases}$$

$$\mathrm{Lz}\{G^{A_4}(t)\} = \sum_{i=1}^{6} p_i^{A_4}(t) z^{g_i^{A_4}} \tag{5.35}$$

5.4.3 混流制造系统的 Lz 变换

AM_1，A_2 等各部分的 Lz 变换求出来之后，利用串联运算算子，即可以得到整个系统的 Lz 变换如下。

$$\begin{aligned} \mathrm{Lz}\{G_S(t)\} &= \Omega_{f_{\mathrm{ser}}}\{\mathrm{Lz}\{G^{\mathrm{AM}_1}(t)\}, \mathrm{Lz}\{G^{A_2}(t)\}, \mathrm{Lz}\{G^{\mathrm{AD}_1}(t)\}, \mathrm{Lz}\{G^{A_4}(t)\}\} \\ &= \Omega_{f_{\mathrm{ser}}}\Big\{\sum_{i=1}^{9} p_i^{\mathrm{AM}_1}(t) z^{g_i^{\mathrm{AM}_1}}, \sum_{i=1}^{5} p_i^{A_2}(t) z^{g_i^{A_2}}, \\ &\quad \sum_{i=1}^{7} p_i^{\mathrm{AD}_1}(t) z^{g_i^{\mathrm{AD}_1}}, \sum_{i=1}^{6} p_i^{A_4}(t) z^{g_i^{A_4}}\Big\} \end{aligned}$$

计算得到如式(5.36)所示混流制造系统的 Lz 变换函数。

$$\mathrm{Lz}\{G_S(t)\} = \sum_{i=1}^{11} p_{s_i}^{S}(t) z^{g_{s_i}^{S}} \tag{5.36}$$

其中

$$g_{s_i}^{S} = \{90,75,70,60,50,45,30,20,15,10,0\}$$

$$p_{s_1}^{S}(t) = p_1^{\mathrm{AM}_1}(t) p_1^{A_2}(t) p_1^{\mathrm{AD}_1}(t) p_1^{A_4}(t)$$

$$p_{s_2}^{S}(t) = p_1^{\mathrm{AM}_1}(t) p_1^{A_2}(t) p_2^{\mathrm{AD}_1}(t) p_1^{A_4}(t)$$

$$\begin{aligned} p_{s_3}^{S}(t) &= p_2^{\mathrm{AM}_1}(t) p_1^{A_2}(t) p_1^{\mathrm{AD}_1}(t) p_1^{A_4}(t) + p_1^{\mathrm{AM}_1}(t) p_2^{A_2}(t) p_1^{\mathrm{AD}_1}(t) p_1^{A_4}(t) \\ &\quad + p_1^{\mathrm{AM}_1}(t) p_1^{A_2}(t) p_1^{\mathrm{AD}_1}(t) p_2^{A_4}(t) + p_2^{\mathrm{AM}_1}(t) p_2^{A_2}(t) p_2^{\mathrm{AD}_1}(t) p_2^{A_4}(t) \\ &\quad + p_2^{\mathrm{AM}_1}(t) p_2^{A_2}(t) p_1^{\mathrm{AD}_1}(t) p_1^{A_4}(t) + p_2^{\mathrm{AM}_1}(t) p_2^{A_2}(t) p_2^{\mathrm{AD}_1}(t) p_1^{A_4}(t) \\ &\quad + p_2^{\mathrm{AM}_1}(t) p_1^{A_2}(t) p_1^{\mathrm{AD}_1}(t) p_1^{A_4}(t) + \cdots + p_1^{\mathrm{AM}_1}(t) p_1^{A_2}(t) p_2^{\mathrm{AD}_1}(t) p_2^{A_4}(t) \end{aligned}$$

$$\begin{aligned} p_{s_4}^{S}(t) &= p_3^{\mathrm{AM}_1}(t) p_1^{A_2}(t) p_1^{\mathrm{AD}_1}(t) p_1^{A_4}(t) + p_3^{\mathrm{AM}_1}(t) p_2^{A_2}(t) p_1^{\mathrm{AD}_1}(t) p_1^{A_4}(t) \\ &\quad + p_3^{\mathrm{AM}_1}(t) p_1^{A_2}(t) p_1^{\mathrm{AD}_1}(t) p_2^{A_4}(t) + p_3^{\mathrm{AM}_1}(t) p_2^{A_2}(t) p_2^{\mathrm{AD}_1}(t) p_2^{A_4}(t) \\ &\quad + p_3^{\mathrm{AM}_1}(t) p_2^{A_2}(t) p_1^{\mathrm{AD}_1}(t) p_1^{A_4}(t) + p_3^{\mathrm{AM}_1}(t) p_2^{A_2}(t) p_2^{\mathrm{AD}_1}(t) p_1^{A_4}(t) \\ &\quad + p_3^{\mathrm{AM}_1}(t) p_1^{A_2}(t) p_2^{\mathrm{AD}_1}(t) p_1^{A_4}(t) + \cdots + p_3^{\mathrm{AM}_1}(t) p_1^{A_2}(t) p_3^{\mathrm{AD}_1}(t) p_1^{A_4}(t) \end{aligned}$$

$$\begin{aligned} p_{s_5}^{S}(t) &= p_4^{\mathrm{AM}_1}(t) p_1^{A_2}(t) p_1^{\mathrm{AD}_1}(t) p_1^{A_4}(t) + p_4^{\mathrm{AM}_1}(t) p_2^{A_2}(t) p_1^{\mathrm{AD}_1}(t) p_1^{A_4}(t) \\ &\quad + p_4^{\mathrm{AM}_1}(t) p_1^{A_2}(t) p_1^{\mathrm{AD}_1}(t) p_2^{A_4}(t) + p_4^{\mathrm{AM}_1}(t) p_2^{A_2}(t) p_2^{\mathrm{AD}_1}(t) p_2^{A_4}(t) \\ &\quad + p_4^{\mathrm{AM}_1}(t) p_2^{A_2}(t) p_1^{\mathrm{AD}_1}(t) p_1^{A_4}(t) + p_4^{\mathrm{AM}_1}(t) p_2^{A_2}(t) p_2^{\mathrm{AD}_1}(t) p_1^{A_4}(t) \\ &\quad + p_4^{\mathrm{AM}_1}(t) p_1^{A_2}(t) p_1^{\mathrm{AD}_1}(t) p_1^{A_4}(t) + \cdots + p_4^{\mathrm{AM}_1}(t) p_1^{A_2}(t) p_3^{\mathrm{AD}_1}(t) p_1^{A_4}(t) \end{aligned}$$

5.4.4 混流制造脆弱性分析

1）基于系统可用度的脆弱性

首先计算系统的可用度，系统正常工作的可用度如式(5.37)所示。

$$A_0(t)=\sum_{g_{M_S}\geqslant 0}p_{M_S}(t)=\sum_{i=1}^{11}p_{s_i}^S(t)z^{g_{s_i}^S} \tag{5.37}$$

当系统受到风险扰动状态下降后，系统的可能输出状态有多种，为此，须采用各种状态下可用度的期望平均值$\overline{A_{\omega'}}(t)$作为系统下降后的可用度值，如式(5.38)所示。

$$\overline{A_{\omega'}}(t)=\sum_{i=1}^{11}p_{s_i}^S(t)A_{g_{s_i}^S}(t) \tag{5.38}$$

则基于系统可用度的脆弱性计算式如式(5.39)所示。

$$V_M^A[S,F]=1-\frac{\sum_{i=1}^{11}p_{s_i}^S(t)A_{g_{s_i}^S}(t)}{\sum_{i=1}^{11}p_{s_i}^S(t)z^{g_{s_i}^S}} \tag{5.39}$$

图5.4所示为该系统的可用度曲线和脆弱性曲线。从该图中可以看出，系统正常情况下的可用度曲线随着时间逐渐下降，从正常情况A_0下降到$A=0.98$需要经过4.16年的时间；当系统受到故意干扰或破坏时，系统的可用度下降明显，脆弱性逐渐加大。

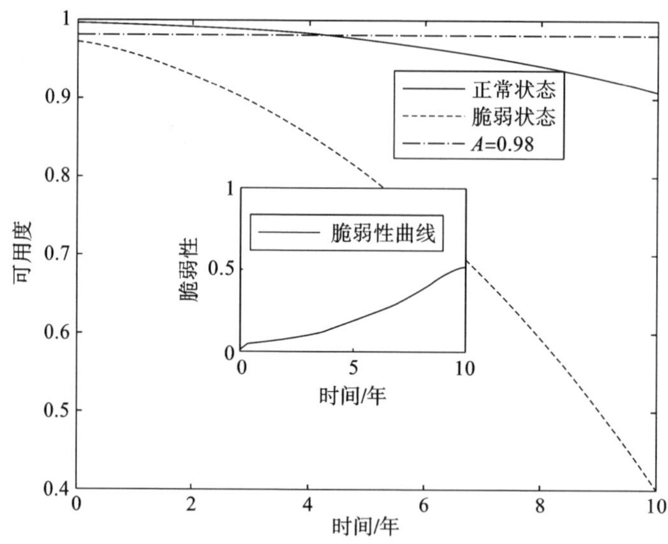

图5.4 可用度曲线和脆弱性曲线

2）基于性能输出期望值的脆弱性

首先计算系统正常状态下的性能输出期望平均值$\overline{G_{M_s}}(t)$，如式(5.40)所示。

$$\overline{G_{M_s}}(t)=\sum_{M_S=1}^{11}g_{M_S}p_{M_S}(t)=90p_{s_1}^S(t)+75p_{s_2}^S(t)+70p_{s_3}^S(t)+\cdots+10p_{s_{10}}^S(t) \tag{5.40}$$

系统受到扰动处于脆弱状态时，其性能输出期望值$\overline{G_{Ms'}}(t)$如式(5.41)所示。

$$\overline{G_{Ms'}}(t)=\sum_{M_S=2}^{11}g_{M_S}p_{M_S}(t)=75p'_{s_2}(t)+70p'_{s_3}(t)+\cdots+10p'_{s_{10}}(t) \tag{5.41}$$

式中，p'_{s_i} 为系统性能下降后处于不同状态的概率。

则基于性能输出期望值的脆弱性计算式如式(5.42)所示。

$$V_M^G[S,F]=1-\frac{\sum_{M_S=2}^{11}g_{M_S}p'_{M_S}(t)}{\sum_{M_S=1}^{11}g_{M_S}p_{M_S}(t)} \tag{5.42}$$

图 5.5 所示为该系统的性能输出期望平均值变化曲线和脆弱性曲线图。从该图中可以看出，如果不考虑维护情况，系统的输出量会随着时间推移逐渐下降，但下降的幅度很小，呈现出平缓的逐步下降过程；当系统受到故意干扰或破坏时，系统的输出量下降明显，系统的脆弱性也随着时间推移而逐渐加大。

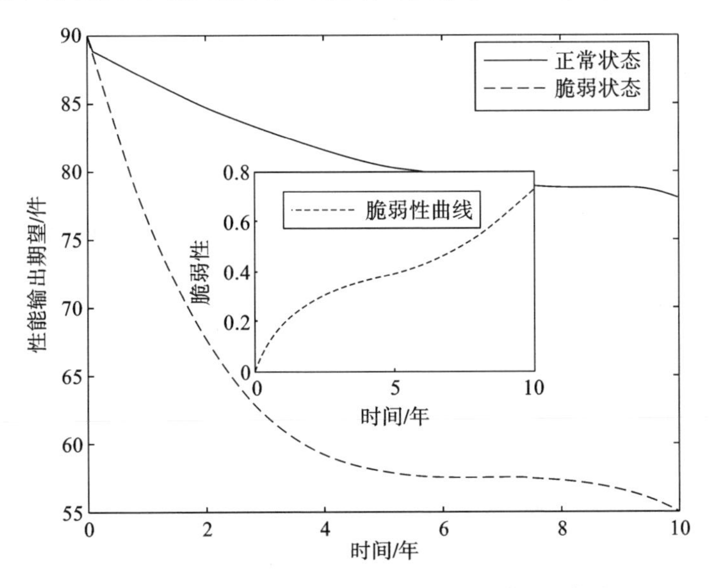

图 5.5　性能输出期望平均值变化曲线和脆弱性曲线图

3) 基于系统性能缺陷的脆弱性

系统正常状态下的性能缺陷 $D_\omega^{M_s}(t)$的计算公式如式(5.43)所示。

$$\begin{aligned}D_{90}^{M_s}(t)&=\sum_{M_S=1}^{m_S}p_{M_S}(t)\max\{\omega-g_{M_S},0\}\\&=15p_{s_2}^S(t)+20p_{s_3}^S(t)+30p_{s_4}^S(t)+40p_{s_5}^S(t)+45p_{s_6}^S(t)+60p_{s_7}^S(t)\\&\quad+70p_{s_8}^S(t)+75p_{s_9}^S(t)+80p_{s_{10}}^S(t)+90p_{s_{11}}^S(t)\end{aligned} \tag{5.43}$$

系统受到扰动后的状态有多种可能，因此以性能缺陷的期望值作为扰动后的性能缺陷,计算如式(5.44)所示。

$$\begin{aligned}\overline{D_{\omega}^{M_s}}(t) &= \sum_{k=1}^{11} p_{S_{S_k}}(t) D_{\omega \triangleq g_{s_k}^{S}}^{M_s}(t) \\ &= \frac{15}{11} p_{s_2}^{S}(t) + \frac{2}{11} \times 20 p_{s_3}^{S}(t) + \frac{3}{11} \times 30 p_{s_4}^{S}(t) \\ &\quad + \frac{4}{11} \times 40 p_{s_5}^{S}(t) + \frac{5}{11} \times 45 p_{s_6}^{S}(t) + \frac{6}{11} \times 60 p_{s_7}^{S}(t) + \frac{7}{11} \times 70 p_{s_8}^{S}(t) \\ &\quad + \frac{8}{11} \times 75 p_{s_9}^{S}(t) + \frac{9}{11} \times 80 p_{s_{10}}^{S}(t) + \frac{10}{11} \times 90 p_{s_{11}}^{S}(t)\end{aligned} \tag{5.44}$$

则基于性能缺陷的脆弱性计算式如式(5.45)所示。

$$V_{M}^{D}[S,F] = 1 - \frac{\omega - \overline{D_{\omega}^{M_s}}(t)}{\omega_0 - D_{90}^{M_s}(t)} \tag{5.45}$$

图5.6所示为该系统的瞬时性能缺陷变化曲线和脆弱性曲线,瞬时性能缺陷$D_{\omega}^{M_s}(t)$越大则系统偏离正常运行的可能性越高。从该图中可以看出,如果不考虑维护情况,系统的瞬时性能缺陷$D_{\omega}^{M_s}(t)$随着时间推移逐渐上升,但上升的幅度较小,呈现出平缓的逐步增加过程;当系统受到故意干扰或破坏时,系统的瞬时性能缺陷上升明显,系统的脆弱性也随着时间推移而逐渐加大。

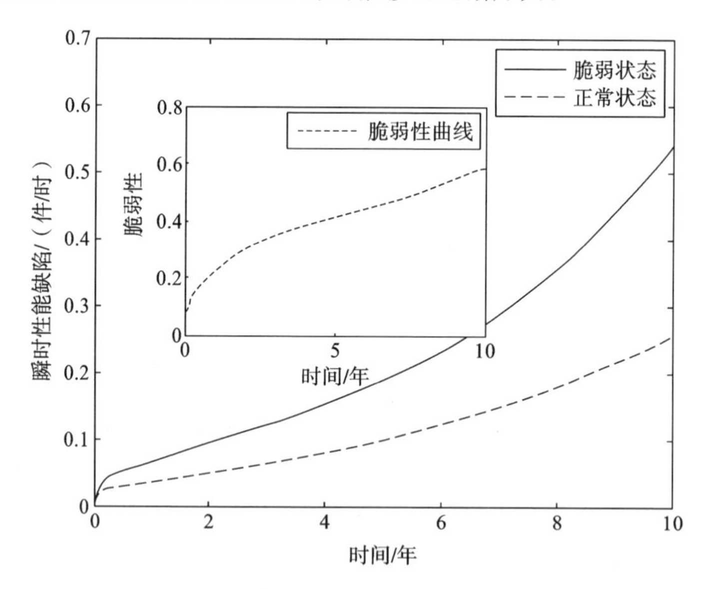

图5.6 瞬时性能缺陷变化曲线和脆弱性曲线

5.5 小　　结

(1) 本章通过建立系统的Lz变换模型,以系统的可用度、输出期望值和瞬时性能缺陷值等指标的变化作为脆弱性评估指标，建立了系统的脆弱性评估模型，扩展了系统脆弱性评估的实际应用范围。相比于其他脆弱性评估方法，本章的评价方法可以解决系统性能参数实时变化的情况，这也是本方法的优势所在。

但本章方法受到脆弱性评估指标的影响较大，各种指标对脆弱性曲线的影响机制是下一步需要深入研究的问题。同时本章仅考虑了可靠性指标，对于系统的生产率、设备利用率等性能指标并未考虑，如果能够获取这些指标的变化趋势，同样也可以用来衡量系统的脆弱性，因而，这些指标在系统扰动下的变化趋势是下一步需要深入研究的问题。

(2) 脆弱性研究的目的在于找出系统的薄弱环节，预防系统故障，加强系统的稳健性，提高系统效率。因此，如何利用系统脆弱性进行故障预防和健康维护是未来研究的重点。基于脆弱性的设备健康维护可以通过建立基于脆弱性动态优化生成系数的 VFRGM 模型，来预测系统内各种设备的健康状态，从而对设备进行预防性维护，提高设备维护的效率，节约维修资源。其中 VFRGM 模型的建立过程如下。

利用各种实时监测设备监测混流制造系统的各种设备状态，可得到制造单元和设备的样本数据序列 $x^{(0)}(1),x^{(0)}(2),x^{(0)}(3),\cdots,x^{(0)}(n)$，以此作为样本测试数据，基于灰色健康预测模型(forecasted-state rolling grey model，FRGM)建立如式(5.46)所示的微分方程。

$$z^{(1)}(k)=Wx^{(1)}(k)+(1-W)x^{(1)}(k-1)\quad k=2,3,\cdots,n \tag{5.46}$$

对于制造设备在样本数据内各个监测间隔时点 k 上的最优 W 值，可通过遗传迭代算法求出系数 $W\in\{0,1\}$ 的最优预测值 $\hat{x}^{(0)}(k)$，得到最优生成系数 W 值、动态拟合脆弱性 V 值、混流制造系统的脆弱性单元值$(V_1,V_2,\cdots,V_n)$，计算它们的相关系数 CR，如式(5.47)所示。根据所求相关系数分析线性相关性，拟合分析生成系数 W 与脆弱性 V 之间的关系，将样本外监测间隔时点的制造单元脆弱性值$(V_{n+1},V_{n+2},\cdots,V_{n+m})$代入式(5.48)拟合出灰色健康预测模型的动态生成系数$(W_{n+1},W_{n+2},\cdots,W_{n+m})$。

$$\mathrm{CR_{WV}}=\frac{\sum_{k=1}^{n}(W_k-\overline{W})(V_k-\overline{V})}{\sqrt{\sum_{k=1}^{n}(W_k-\overline{W})^2}\sqrt{\sum_{k=1}^{n}(V_k-\overline{V})^2}} \tag{5.47}$$

$$W=f(V)=\alpha V+\beta \tag{5.48}$$

式中，n 为样本内测试数据的序号，m 为样本外有待预测数据的序号。

利用拟合得到的 W 值，代入 FRGM 模型，得到基于脆弱性的 VFRGM 预测模型，可用来动态循环地预测混流制造系统内各制造单元和设备的健康状态的样本预测值$(\hat{x}^{(0)}(n+1),\hat{x}^{(0)}(n+2),\cdots,\hat{x}^{(0)}(n+m))$。将制造单元的健康状态预测值作为混流制造系统预知维护规划的信息输入，可为制造系统的预知性维护提供科学有效的决策依据。

(3) 脆弱性是复杂系统的固有属性，与系统的结构特性有关。由于混流制造系统内各设备、单元之间存在各种复杂关系，某个单元发生故障时可能导致其他单元发生故障甚至导致整个系统崩溃，如何衡量各种设备、单元之间脆弱性联系的强弱，量化它们之间的脆性波动需要继续深入研究的内容。

参考文献

[1] DENG Y, MAHADEVAN S, ZHOU D. Vulnerability assessment of physical protection systems: A bio-inspired approach [J]. International Journal of Unconventional Computing, 2015.

[2] DESMIT Z, ELHABASHY A E, WELLS L J, et al. Cyber-physical vulnerability assessment in manufacturing systems [J]. Procedia Manufacturing, 2016, 5: 1060-1074.

[3] DESMIT Z, ELHABASHY A E, WELLS L J, et al. An approach to cyber-physical vulnerability assessment for intelligent manufacturing systems[J]. Journal of Manufacturing Systems, 2017, 43: 339-351.

[4] YIN H, LI B, ZHU J, et al. Measurement method and empirical research on systemic vulnerability of environmental sustainable development capability [J]. Sustainability, 2014, 6(12): 8485-8509.

[5] KIZHAKKEDATH A, TAI K, SIM M S, et al. An agent-based modeling and evolutionary optimization approach for vulnerability analysis of critical infrastructure networks [M]//AsiaSim 2013. London: Springer, 2013: 176-187.

[6] CAVDAROGLU B, HAMMEL E, MITCHELL J E, et al. Integrating restoration and scheduling decisions for disrupted interdependent infrastructure systems [J]. Annals of Operations Research, 2013, 203: 279-294.

[7] KJØLLE G H, UTNE I B, GJERDE O. Risk analysis of critical infrastructures emphasizing electricity supply and interdependencies [J]. Reliability Engineering & System Safety, 2012, 105: 80-89.

[8] DAWSON R J, PEPPE R, WANG M. An agent-based model for risk-based flood incident management[J]. Natural Hazards, 2011, 59: 167-189.

[9] ZIO E, FERRARIO E. A framework for the system-of-systems analysis of the risk for a safety-critical plant exposed to external events[J]. Reliability Engineering & System Safety, 2013, 114: 114-125.

[10] WANG S L, YUE X. Vulnerability analysis of interdependent infrastructure systems[J]. Application Research of Computers, 2014, 51 (1): 328-337.

[11] ALBINO V, GARAVELLI A C. A methodology for the vulnerability analysis of just-in-time production systems[J]. International Journal of Production Economics,1995,41(1-3):71-80.

[12] BALASUNDARAM N. The value relevance of accounting information and its impact on market vulnerability: a study of listed manufacturing companies in Sri Lanka[J]. Mevit Research Journal of Business and Management,2013,1(2):30-36.

[13] KHAKZAD N,GELDER P V. Vulnerability of industrial plants to flood-induced Natechs:A Bayesian network approach[J]. Reliability Engineering & System Safety,2018,169:403-411.

[14] KÓCZA G,BOSSCHE A. Application of the integrated reliability analysis system[J]. Reliability Engineering & System Safety. 1999,64:99-107.

[15] 柳剑,张根保,李冬英,等. 基于脆性理论的多状态制造系统可靠性分析[J]. 计算机集成制造系统,2014,20(1):155-164.

[16] 高贵兵,岳文辉,张人龙. 基于状态熵的制造系统结构脆弱性评估方法[J]. 计算机集成制造系统,2017,23(10):2211-2220.

[17] GUIBING G, WENHUI Y, WENCHU O, et al. Vulnerability evaluating method applied to manufacturing systems[J]. Reliability Engineering & System Safety,2018,180:255-265.

[18] SCHÖN T, GUSTAFSSON F, NORDLUND P J. Marginalized particle filters for mixed linear/nonlinear state-space models [J]. IEEE Transactions on Signal Processing,2005,53(7):2279-2289.

[19] LEVITIN G. The Universal Generating Function in Reliability Analysis and Optimization[M]. London:Springer,2005.

[20] LISNIANSKI A. Lz Transform for a discrete-state continuous-time Markov process and its applications to multi-state system reliability[M]. New Jersey:John Wiley & Sons,2012:79-95.

[21] CHIUCHIÙ D,PIGOLOTTI S. Mapping of uncertainty relations between continuous and discrete time[J]. Physical Review E,2018,97(3):032109.

[22] TEN C W, LIU C C, MANIMARAN G. Vulnerability assessment of cybersecurity for SCADA systems[J]. IEEE Transactions on Power Systems,2008,23(4):1836-1846.

第 6 章　基于可靠性指标的评估方法

【核心内容】

时变多状态是混流制造系统的特点，也是脆弱性量化评估研究领域亟须解决的难点，为此，本章提出一种基于可靠性原理的时变多状态混流制造系统脆弱性评估方法。该方法以传统的脆弱性定义为基础，以系统可靠性的相关指标为评价因子建立时变多状态混流制造系统的脆弱性评估模型。

（1）首先，利用马尔科夫原理和通用生成函数方法得到单元的 Lz 变换函数；其次，基于单元的 Lz 变换和系统的结构特征，利用 Lz 变换的串并联运算算子反复运算得到系统的 Lz 变换函数。

（2）基于可靠性原理得到系统的可用度、输出期望值和瞬时性能缺陷值等可靠性指标的量化评价方式，并以此作为脆弱性评价指标得到系统的脆弱性评估模型。

（3）以某主轴承孔加工系统为例，通过建立该系统的 Lz 变换函数得到其可用度、输出期望值、瞬时性能缺陷值等评估指标，并将之代入系统的脆弱性评估模型以准确评价系统脆弱性，验证该方法的可行性，解决时变多状态系统脆弱性评估难题。

6.1　引　　言

随着各种先进制造技术的发展、普及和推广应用，制造装备和工业系统逐渐向精密化、智能化、复杂化和大型化的方向发展，其安全性要求越来越高，传统的二态系统理论已难以满足要求，而多状态系统理论的出现为二态系统理论的发展注入了新的活力。在二态系统理论中，设备或系统的工作状态只有工作和完全失效两种状态，广泛应用于宇航、机械、核电等领域的故障树、贝叶斯方法等可靠性评估方法也均基于此理论假设。实际上，在载荷和振动、冲击、疲劳损伤等作用下，装备或系统的性能会逐渐劣化，系统性能衰退过程中会经历一系列连续或离散的中间过渡状态，即系统的多状态特性。多状态系统的可靠性自 20 世纪 70 年代提出后，经过几十年的发展，建模方法已逐渐完善，如多值模型、通用生成函数法、随机过程模型等，但多状态系统的脆弱性研究却很少，相关的理论研究比较欠缺。

脆弱性评估是系统健康分析领域的难点，Guibing 指出，自然界中所有的研究对象均存在程度不同的脆弱性。复杂系统的脆弱性多数来源于内外各种不利因素对系统软硬件的破坏、损伤等，如软件的编码错误、流程缺陷、参数设置不合理，硬件的设计缺陷等。多状态系统的脆弱性同样来自系统内外的各种干扰、破坏。例如数控装备在生产过程中不断受到切削力、摩擦力、振动以及零部件的锈蚀等诸多因素的影响，工作状态随着装备的性能劣化而产生变化，装备性能劣化时其脆弱程度必然增加。因此，多状态系统脆弱性与性能劣化有关，准确识别脆弱性和性能劣化之间的关系是脆弱性分析、评价的核心。

脆弱性评价方法主要有定性评估和定量评估两种。定性评估操作简单，但受历史数据和实际数据的影响较大，评价精度较低。定量评估的研究方法较多，主要有指标法、脆弱性函数模型法、图层叠置法、时间序列法、模糊物元法等。指标法的关键是建立评价指标体系，但指标体系因研究领域不同而差异较大，应用普遍的有压力-状态-响应、暴露-敏感-适应和多系统三种指标体系；脆弱性函数模型法需要详细分析系统结构和功能，对脆弱性要素之间的关系要有明确的认识；图层叠置法通过叠置脆弱性图层以得到脆弱性的空间分布，能直观反应空间差异，但图层的相对重要程度难以体现，无法实现脆弱性动态预测，且难以选择合适的图层；时间序列法通过分析随机过程中时间序列的平稳性以评价系统脆弱性，操作简单但预测的偏差较大，一般只用于短期脆弱性评价；模糊物元法需要设定一个参照系统，不用考虑变量的相互关系，但参照系统选取的主观性较大，评价结果受参照系统的影响较大。综上所述，不管是定性评估还是定量评估，在脆弱性评价时，并未探究系统性能参数变化对脆弱性变化的影响，与实际系统脆弱性演化进程不符。此外，信息熵理论和复杂网络模型等脆弱性评估方法也难以描述清楚系统内部参数的变化及其导致的系统脆弱性变化。相比较状态熵模型的状态组合爆炸问题和通用生成函数方法参数固定不变问题，Lz 变换的建模过程虽然相对状态熵方法要稍微复杂，但能在很大程度上缓解状态组合爆炸问题，也能扩充和改进其建模方法，能够更加准确地反映系统参数的实时变化情况。

本章基于 Lz 变换原理和可靠性的相关知识评估多状态系统的脆弱性。该方法利用 Lz 变换原理得到多状态系统的 Lz 变换函数，然后根据 Lz 变换函数求得系统的可靠性指标，将相关指标代入脆弱性评估模型以评估多状态系统的脆弱性，最后以主轴承孔加工系统为例，用本章所提的方法求解该系统的脆弱性实时变化曲线，证明该方法的可行性，扩展脆弱性评估的实际用途。

6.2 多状态混流制造系统脆弱性分析

由于环境变化和设备性能劣化等因素的影响，多状态混流制造系统的组件性能随着时间推移而动态变化，表现出多种性能水平，在系统脆弱性分析或量化评估时必须对组件的多种性能水平进行准确描述。值得注意的是，现有的复杂系统脆弱性分析与评估均未考虑多状态系统组件性能的多性能特征。本章基于 Lz 变换技术对多状态系统的多状态特性进行简化分析，将系统的可靠性指标的变化用来对脆弱性进行量化分析，以解决多状态混流制造系统脆弱性无法量化评价的难题。

6.2.1 多状态系统 Lz 变换

Lz 变换由 Lisnianski 等提出，对于离散状态连续时间马尔科夫过程：$G(t)\in\{g_1,g_2,\cdots,g_K\}(t\geqslant 0)$，其中 K 为包含的离散状态，$g=\{g_1,g_2,\cdots,g_K\}$ 表示状态集，g_i 表示任意状态 $i(i=1,2,\cdots,K)$ 的性能，令 $\boldsymbol{E}$ 为转移概率矩阵，$\boldsymbol{E}=|e_{u,s}(t)|$ $(u,s=1,2,\cdots,K)$，p_0^G 为初始概率分布，$p_0^G=\{p_{10}=P_r\{G(0)=g_1\},\cdots,p_{K0}=P_r\{G(0)=g_K\}\}$。对于包含多个状态的连续时间马尔科夫过程 $G(t)=\langle g,\boldsymbol{E},p_0^G\rangle$，令 $p_i^G(t)$ 表示在 t 时刻状态 g_i 的概率，则根据状态转移理论有如式(6.1)所示的微分方程组。

$$
\begin{cases}
\dfrac{\mathrm{d}p_1^G(t)}{\mathrm{d}t}=e_{11}(t)p_1^G(t)+e_{12}(t)p_2^G(t)+\cdots+e_{1K}(t)p_K^G(t)\\
\dfrac{\mathrm{d}p_2^G(t)}{\mathrm{d}t}=e_{21}(t)p_1^G(t)+e_{22}(t)p_2^G(t)+\cdots+e_{2K}(t)p_K^G(t)\\
\qquad\qquad\vdots\\
\dfrac{\mathrm{d}p_K^G(t)}{\mathrm{d}t}=e_{K1}(t)p_1^G(t)+e_{K2}(t)p_2^G(t)+\cdots+e_{KK}(t)p_K^G(t)
\end{cases}
\tag{6.1}
$$

对式(6.1)进行拉普拉斯变换并代入初始条件 $p_0^G=\{p_{10},\cdots,p_{K0}\}$ 中，得到任意 t 时刻的概率 $p_i(t)$。基于 Lz 变换原理，则 $G(t)$ 的 Lz 变换函数 $\mu(z,t,p_i(t))$ 定义如式(6.2)所示。

$$
\mathrm{Lz}\{G(t)\}=\mu(z,t,p_i^G(t))=\sum_{i=1}^{K}p_i^G(t)z^{g_i}
\tag{6.2}
$$

设多状态系统由 n 个组件 $M_j(j=1,\cdots,n)$ 组成，每个组件又由包含有 m_j 个单元 $M_{jb}(b=1,2,\cdots,m_j)$，单元 M_{jb} 的状态数为 m_{jb}，各状态的取值用集合 $\boldsymbol{g}_{jb}=\{g_{jb1}^{M_{jb}},g_{jb2}^{M_{jb}},\cdots,g_{jbm_{jb}}^{M_{jb}}\}$ 表示，则多状态单元 M_{jb} 可用离散马尔科夫过程可表示为 $M_{jb}(t)=\langle g_{jb},B_{M_{jb}},p_{jb0}\rangle$。

基于马尔科夫离散过程，建立单元 M_{jb} 的状态转移方程，求得 M_{jb} 在任意状态 h 下的概率如式(6.3)所示。

$$p_{jbh}^{M_{jb}}(t) = P_r\{G_{jb}(t) = g_{jbh}\} \quad h = 1,2,\cdots,m_{jb} \tag{6.3}$$

基于式(6.2)Lz 变换的定义得到任意单元 M_{jb} 的 Lz 变换，如式(6.4)所示。

$$\mathrm{Lz}\{M_{jb}(t)\} = \sum_{h=1}^{m_{jb}} p_{jbh}^{M_{jb}} z^{g_{jbh}} \quad j = 1,2,\cdots,n; \quad b = 1,2,\cdots,m_j \tag{6.4}$$

对于多状态混流制造系统，首先基于 Lz 变换的原理与单元状态分析结果，根据式(6.4)求出单元的 Lz 变换函数 $\mathrm{Lz}\{M_{jb}(t)\}$，然后利用并联运算算子计算得到子系统 M_j 的 Lz 变换函数 $\mathrm{Lz}\{M_j(t)\}$，再利用串联运算算子计算得到如式(6.5)所示系统的 Lz 变换函数。

$$\mathrm{Lz}\{M(t)\} = \Omega_f\{\Omega_{f_1}\{\mathrm{Lz}\{M_1(t)\}\},\Omega_{f_2}\{\mathrm{Lz}\{M_2(t)\}\},\cdots,\Omega_{f_n}\{\mathrm{Lz}\{M_n(t)\}\}\} \tag{6.5}$$

式中，f 是多状态系统的结构函数。对于多状态混流制造系统，f 结构函数如式(6.6)所示。

$$\begin{aligned} f = \min\{&(M_{11}(t)+,\cdots,M_{1m_1}(t)),(M_{21}(t)+,\cdots,\\ &M_{2m_2}(t)),\cdots,(M_{n1}(t)+,\cdots,M_{nm_n}(t))\}\end{aligned} \tag{6.6}$$

根据单元和组件的 Lz 变换和串并联运算算子，得到如式(6.7)所示系统的 Lz 变换函数 $\mathrm{Lz}\{M_s(t)\}$。

$$\begin{aligned}\mathrm{Lz}\{M_s(t)\} = \Omega_{f_{\mathrm{ser}}}\{&\Omega_{f_{\mathrm{par}}}\{\mathrm{Lz}(M_{11}(t)),\cdots,\mathrm{Lz}(M_{1m_1}(t))\},\cdots,\\ &\Omega_{f_{\mathrm{par}}}\{\mathrm{Lz}(M_{n1}(t)),\cdots,\mathrm{Lz}(M_{nm_n}(t))\}\}\end{aligned} \tag{6.7}$$

式中，$\Omega_{f_{\mathrm{ser}}}$ 和 $\Omega_{f_{\mathrm{par}}}$ 分别为串联运算算子和并联运算算子。

子系统 M_j，M_{j+1} 的串联运算算子如式(6.8)所示。

$$\begin{aligned}\Omega_{f_{\mathrm{ser}}}\{\mathrm{Lz}\{M_j(t)\},\mathrm{Lz}\{M_{(j+1)}(t)\}\} &= \Omega_{f_{\mathrm{ser}}}\left\{\sum_{l=1}^{m_j} p_{jl}(t)z^{g_{ih}},\sum_{h=1}^{m_{(j+1)}} p_{(j+1)h}(t)z^{g_{(j+1)h}}\right\}\\ &= \sum_{l=1}^{m_j}\sum_{h=1}^{m_{(j+1)}} p_{jl}(t)p_{(j+1)h}(t)z^{\min(g_{jl},g_{(j+1)h})}\end{aligned} \tag{6.8}$$

单元 M_{jb}，$M_{j(b+1)}$ 的并联运算算子如式(6.9)所示。

$$\begin{aligned}\Omega_{f_{\mathrm{par}}}\{\mathrm{Lz}\{M_{jb}(t)\},\mathrm{Lz}\{M_{j(b+1)}(t)\}\} &= \Omega_{f_{\mathrm{par}}}\left\{\sum_{l=1}^{m_{jb}} p_{jbl}(t)z^{g_{jbl}},\sum_{h=1}^{m_{j(b+1)}} p_{j(b+1)h}(t)z^{g_{j(b+1)h}}\right\}\\ &= \sum_{l=1}^{m_{jb}}\sum_{h=1}^{m_{j(b+1)}} p_{jbl}(t)p_{j(b+1)h}(t)z^{g_{jbl}+g_{j(b+1)h}}\end{aligned} \tag{6.9}$$

反复利用串并联运算算子计算即可得到多状态混流制造系统的 Lz 变换函数，如式(6.10)所示。

$$\mathrm{Lz}\{M_S(t)\} = \sum_{s=1}^{m_s} P_s^{M_s}(t)z^{g_s} \tag{6.10}$$

式中，g_s 为多状态系统在状态 s 时的性能取值；$P_s^{M_s}$(t)为系统处于状态 s 时的概率值；m_s 为系统的包含总状态数。

6.2.2 基于可靠性指标的多状态系统脆弱性分析

脆弱性是系统应对波动性、随机性和外部压力等的性能变化趋势，可用公式(6.11)表示。

$$V[S,F]=1-\frac{\Phi(F)}{\Phi(S)} \tag{6.11}$$

式中，$\Phi(S)$为系统性能的正常值，$\Phi(F)$为系统受到扰动后的性能损失。

现有的脆弱性评估方法如状态熵方法、通用生成函数方法均需要精确计算系统各种状态的概率，而多状态系统的状态是一个动态变化过程，跟系统的实际性能变化存在较大区别，无法准确反映系统的脆弱性变化特征。多状态系统的性能变化具有时变性，脆弱性评估时需要考虑的性能变化趋势难以量化评估，导致其脆弱性评估困难。因此，本章尝试以系统性能指标的变化对其脆弱性进行量化评估，基于脆弱性定义，性能指标变化的多状态混流制造系统的脆弱性计算式如式(6.12)所示。

$$V_{M_S}[S,F]=1-\frac{\Phi_{M_S}(F)}{\Phi_{M_S}(S)} \tag{6.12}$$

式中，$\Phi_{M_s}(S)$表示系统正常情况下的评估指标在值，$\Phi_{M_s}(F)$表示受干扰和破坏后的评估指标期望值。

性能指标与系统的类型有关，典型的性能指标有生产率、资源利用率、可靠性等。可靠性指产品在规定的时间和条件下的性能保持能力，即产品性能的稳定性，可靠性指标的变化亦体现了系统的性能变化趋势，因此，在多状态系统脆弱性分析时，应以系统的可靠性指标代替系统的性能评估指标，并着重考虑系统的可用度$A_\omega(t)$、性能输出期望平均值$\overline{G}(t)$和瞬时性能缺陷均值$D_\omega(t)$。

基于可靠性理论，任意t时刻，给定生产水平ω下多状态混流制造系统M_s可用度的计算式如式(6.13)所示。

$$A_\omega(t)=\sum_{g_{m_s}>\omega}P^{M_s}(t) \tag{6.13}$$

假设系统受到干扰破坏前正常工作，受到干扰或破坏后系统可用度下降，此时的可用度计算如式(6.14)所示。

$$A_{\omega'}(t)=\sum_{g_{m_s}>\omega'}P^{M_s}(t) \tag{6.14}$$

根据脆弱性的定义，则基于可用度的混流制造系统脆弱性定义如式(6.15)所示。

$$V_{M_S}^{A}[S,F]=1-\frac{A_{\omega'}(t)}{A_\omega(t)} \tag{6.15}$$

式(6.16)所示的性能输出期望平均值$\overline{G_{M_S}}(t)$是决定多状态系统生命周期的一个重要参数，表示输出门槛ω满足要求时，系统输出的均值。

$$\overline{G_{M_S}}(t)=E\{G(t)\}=\sum_{s=1}^{m_s}g_sP_s^{M_s}(t) \tag{6.16}$$

假设多状态系统受到干扰或破坏后由正常状态降级到ω'水平，则系统的输出余量均值下降，则性能输出期望平均值$\overline{G_{M'_S}}(t)$的计算如式(6.17)所示。

$$\overline{G_{M'_S}}(t)=E\{G(t)\}=\sum_{g_s\geqslant\omega'}g_sP_s^{M_s}(t)\tag{6.17}$$

则基于性能输出期望平均值的多状态混流制造系统脆弱性计算如式(6.18)所示。

$$V_{M_S}^{G}[S,F]=1-\frac{\overline{G_{M'_s}}(t)}{\overline{G_{M_S}}(t)}\tag{6.18}$$

同理，系统任意时刻的性能缺陷 $D_{\omega}(t)$ 反映系统偏离正常生产的状况，如式(6.19)所示。

$$D_{\omega}^{M_s}(t)=\sum_{s=1}^{m_s}P_s^{M_s}(t)\max\{\omega-g_{M_s},0\}\tag{6.19}$$

多状态系统受到干扰或破坏后降级到 ω' 水平，则系统的瞬时性能缺陷会上升，如式(6.20)所示。

$$D_{\omega'}^{M_s}(t)=\sum_{s=\omega'}^{m_s}P_s^{M_s}(t)\max\{\omega'-g_{M_s},0\}\tag{6.20}$$

基于瞬时性能缺陷 $D_{\omega}(t)$ 的多状态系统脆弱性计算如式(6.21)所示。

$$V_{M_S}^{D}[S,F]=1-\frac{\omega-D_{\omega'}^{M_s}(t)}{\omega-D_{\omega}^{M_s}(t)}\tag{6.21}$$

6.3 算例分析

图 6.1 所示为某柴油发动机主承孔制造系统，该制造系统由 4 个子系统串联而成，每个子系统又分别由不同的制造单元并联组成。每个制造单元均存在正常工作、降级运行和完全故障等状态，各制造单元的状态转移如图 6.2 所示，各制造单元不同状态下的生产率如表 6.1 所示。其中 M_{11} 的状态转移率为 $\lambda^{M_1}=6$/年，$\lambda^{M_1t}=(0.15+0.42t^2)$/年，$\mu^{M_1}=150$/年，$M_{21}$，$M_{22}$ 的状态转移率均为 $\lambda^{M_2}=2.4$/年，$\lambda^{M_2t}=(0.18+0.24t^2)$/年，$\mu^{M_2}=120$/年，$M_{31}$，$M_{32}$，$M_{33}$ 的状态转移率均为 $\lambda^{M_3}=4$/年，$\lambda^{M_3t}=(0.12+0.38t^2)$/年，$\mu^{M_3}=160$/年，$M_{41}$，$M_{42}$ 的状态转移率均为 $\lambda^{M_4}=0.48$/年，$\lambda^{M_4t}=(0.24+0.36t^2)$/年，$\mu^{M_4}=180$/年。

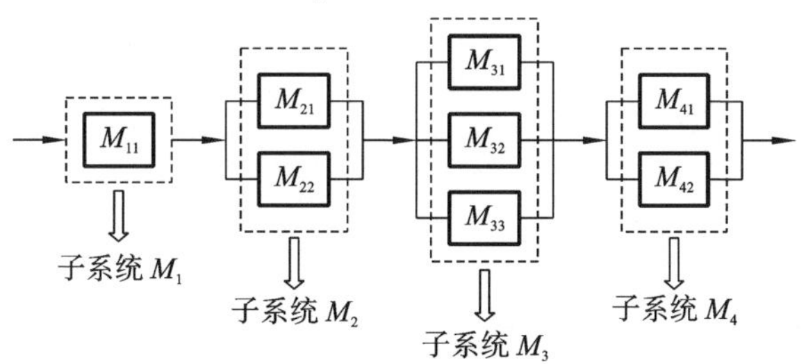

图 6.1　某柴油发动机主轴承孔制造系统

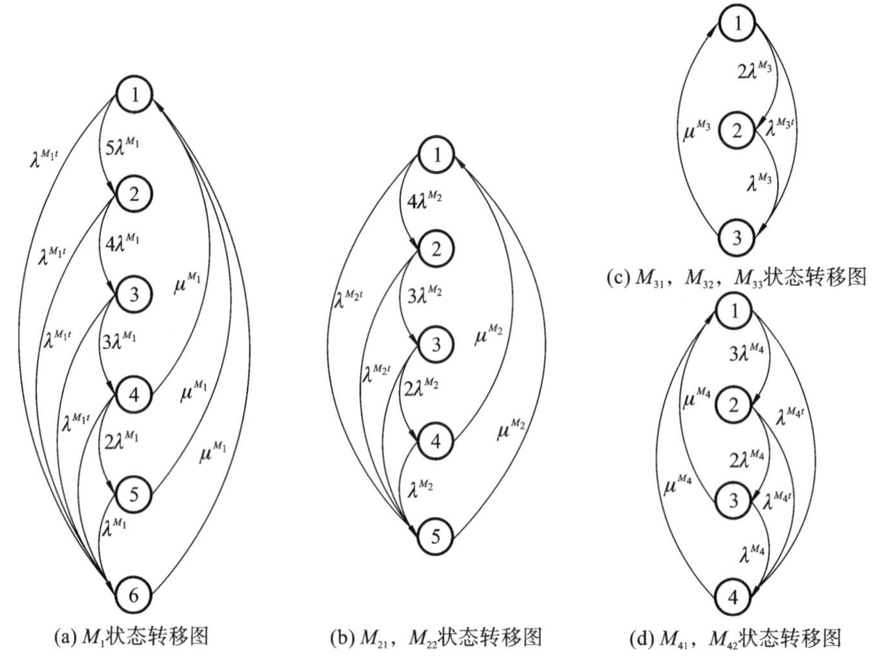

图 6.2　各制造单元的状态转移

表 6.1　各制造单元不同状态下的生产率　　（单位：件/时）

单元	状态					
	1	2	3	4	5	6
M_{11}	120	100	80	50	20	0
M_{21}	60	50	30	20	0	
M_{22}	60	50	30	20	0	
M_{31}	40	30	0			
M_{32}	40	30	0			
M_{33}	40	30	0			
M_{41}	60	40	20	0		
M_{42}	60	40	20	0		

6.3.1　子系统的 Lz 变换

子系统 M_1 只有一个制造单元 M_{11}，有 6 种状态，$g_{m_1}^{M_1}=\{g_{111}^{M_{11}},g_{112}^{M_{11}},g_{113}^{M_{11}},g_{114}^{M_{11}},g_{115}^{M_{11}},g_{116}^{M_{11}}\}=\{120,100,80,50,20,0\}$，基于图 6.2 所示 M_{11} 的状态转移和马尔科夫模型，建立如式(6.22)所示的微分方程。

$$\frac{\mathrm{d}p_{m_1}^{M_1}(t)}{\mathrm{d}t}=p_{m_1}^{M_1}(t)\boldsymbol{A}^{M_1} \tag{6.22}$$

其中

$$\begin{aligned}p_{m_1}^{M_1}(t)&=\{p_{111}^{M_{11}}(t),p_{112}^{M_{11}}(t),p_{113}^{M_{11}}(t),p_{114}^{M_{11}}(t),p_{115}^{M_{11}}(t),p_{116}^{M_{11}}(t)\}\\&=\{p_1^{M_1}(t),p_2^{M_1}(t),p_3^{M_1}(t),p_4^{M_1}(t),p_5^{M_1}(t),p_6^{M_1}(t)\}\end{aligned}$$

$$\boldsymbol{A}^{M_1}=\begin{pmatrix}-(5\lambda^{M_1}+\lambda^{M_1t}) & 5\lambda^{M_1} & 0 & 0 & 0 & \lambda^{M_1t}\\ 0 & -(4\lambda^{M_1}+\lambda^{M_1t}) & 4\lambda^{M_1} & 0 & 0 & \lambda^{M_1t}\\ 0 & 0 & -(3\lambda^{M_1}+\lambda^{M_1t}) & 3\lambda^{M_1} & 0 & \lambda^{M_1t}\\ \mu^{M_1} & 0 & 0 & -(2\lambda^{M_1}+\lambda^{M_1t}+\mu^{M_1}) & 2\lambda^{M_1} & \lambda^{M_1t}\\ \mu^{M_1} & 0 & 0 & 0 & -(\lambda^{M_1}+\lambda^{M_1t}+\mu^{M_1t}) & \lambda^{M_1t}+\lambda^{M_1t}\\ \mu^{M_1} & 0 & 0 & 0 & 0 & -\mu^{M_1t}\end{pmatrix}$$

其初始条件 $p_{m_1}^{M_1}(0)=\{1,0,0,0,0,0\}$，利用 MATLAB 求解式(6.23)微分方程组得到 $p_{m_1}^{M_1}(t)$，$m_1=1,\cdots,6$ 的数值解，根据 Lz 变换的定义得到制造单元 M_{11} 的 Lz 变换如式(6.24)所示。

$$\begin{cases}g_{m_1}^{M_1}=\{g_{111}^{M_{11}},\cdots,g_{116}^{M_{11}}\}=\{120,100,80,50,20,0\}\\ p_{m_1}^{M_1}(t)=\{p_1^{M_1}(t),p_2^{M_1}(t),p_3^{M_1}(t),p_4^{M_1}(t),p_5^{M_1}(t),p_6^{M_1}(t)\}\end{cases} \tag{6.23}$$

$$\mathrm{Lz}\{M_1(t)\}=\mathrm{Lz}\{M_{11}(t)\}=\sum_{m_1=1}^{6}p_{m_1}^{M_1}(t)z^{g_{m_1}^{M_1}} \tag{6.24}$$

子系统 M_2 包含两个制造单元，每个制造单元有 5 种状态，$g_{2e}^{M_2}=\{g_{2e1}^{M_2},g_{2e2}^{M_2},g_{2e3}^{M_2},g_{2e4}^{M_2},g_{2e5}^{M_2}\}=\{60,50,30,20,0\}$，其中 $e=1,2$，基于图 6.2 所示 M_{21} 和 M_{22} 的状态转移和马尔科夫模型，对于子系统 M_2 中的任意 M_{2e}，可以建立如式(6.25)的微分方程。

$$\frac{\mathrm{d}p_{2eh}^{M_2}(t)}{\mathrm{d}t}=p_{2eh}^{M_2}(t)\boldsymbol{A}^{M_2} \tag{6.25}$$

其中

$$p_{2eh}^{M_2}(t)=\{p_{2e1}^{M_2}(t),p_{2e2}^{M_2}(t),p_{2e3}^{M_2}(t),p_{2e4}^{M_2}(t),p_{2e5}^{M_2}(t)\}$$

$$\boldsymbol{A}^{M_2}=\begin{pmatrix} -(4\lambda^{M_2}+\lambda^{M_2t}) & 4\lambda^{M_2} & 0 & 0 & \lambda^{M_2t} \\ 0 & -(3\lambda^{M_2}+\lambda^{M_2t}) & 3\lambda^{M_2} & 0 & \lambda^{M_2t} \\ 0 & 0 & -(2\lambda^{M_2}+\lambda^{M_2t}) & 2\lambda^{M_2} & \lambda^{M_2t} \\ \mu^{M_2} & 0 & 0 & -(\lambda^{M_2}+\lambda^{M_2t}+\mu^{M_2}) & \lambda^{M_2t}+\lambda^{M_2} \\ \mu^{M_2} & 0 & 0 & 0 & -\mu^{M_2} \end{pmatrix}$$

其初始条件为 $p_{2eh}^{M_2}(0)=\{1,0,0,0,0\}$。利用 MATLAB 求解式(6.26)微分方程组可得到的制造单元 M_{21} 和 M_{22} 在不同状态下的概率值 $p_{2eh}^{M_2}(t)$ 的数值解，根据 $g_{2eh}^{M_2}$ 和 $p_{2eh}^{M_2}(t)$，则单元 M_{21} 和 M_{22} 的 Lz 变换如式(6.27)所示。

$$\begin{cases} g_{2eh}^{M_2}=\{g_{2e1}^{M_2},g_{2e2}^{M_2},g_{2e3}^{M_2},g_{2e4}^{M_2},g_{2e5}^{M_2}\}=\{60,50,30,20,0\} \\ p_{2eh}^{M_2}(t)=\{p_{2e1}^{M_2}(t),p_{2e2}^{M_2}(t),p_{2e3}^{M_2}(t),p_{2e4}^{M_2}(t),p_{2e5}^{M_2}(t)\} \end{cases} \tag{6.26}$$

$$\mathrm{Lz}\{M_2(t)\}=\sum_{h=1}^{5}p_{2eh}^{M_2}(t)z^{g_{2eh}^{M_2}} \tag{6.27}$$

利用并联运算算子，可以得到 M_{21} 和 M_{22} 并联后的子系统 M_2 的 Lz 变换函数如式(6.28)所示。

$$\mathrm{Lz}\{M_2(t)\}=\Omega_{f_{\mathrm{par}}}\{\mathrm{Lz}\{M_{21}(t)\},\mathrm{Lz}\{M_{22}(t)\}\}=\sum_{m_2=1}^{11}p_{m_2}^{M_2}(t)z^{g_{m_2}^{M_2}} \tag{6.28}$$

其中

$$g_{m_2}^{M_2}=\{120,110,100,90,80,70,60,50,40,20,0\}$$

$$p_1^{M_2}(t)=p_{211}^{M_2}(t)p_{221}^{M_2}(t)$$

$$p_2^{M_2}(t)=p_{211}^{M_2}(t)p_{222}^{M_2}(t)+p_{212}^{M_2}(t)p_{221}^{M_2}(t)$$

$$p_3^{M_2}(t)=p_{212}^{M_2}(t)p_{222}^{M_2}(t)$$

$$p_4^{M_2}(t)=p_{211}^{M_2}(t)p_{223}^{M_2}(t)+p_{213}^{M_2}(t)p_{221}^{M_2}(t)$$

$$p_5^{M_2}(t)=p_{211}^{M_2}(t)p_{224}^{M_2}(t)+p_{214}^{M_2}(t)p_{221}^{M_2}(t)+p_{212}^{M_2}(t)p_{223}^{M_2}(t)+p_{213}^{M_2}(t)p_{222}^{M_2}(t)$$

$$p_6^{M_2}(t)=p_{212}^{M_2}(t)p_{224}^{M_2}(t)+p_{214}^{M_2}(t)p_{222}^{M_2}(t)$$

$$p_7^{M_2}(t)=p_{211}^{M_2}(t)p_{225}^{M_2}(t)+p_{215}^{M_2}(t)p_{221}^{M_2}(t)+p_{213}^{M_2}(t)p_{223}^{M_2}(t)$$

$$p_8^{M_2}(t)=p_{212}^{M_2}(t)p_{225}^{M_2}(t)+p_{215}^{M_2}(t)p_{222}^{M_2}(t)+p_{214}^{M_2}(t)p_{223}^{M_2}(t)+p_{213}^{M_2}(t)p_{224}^{M_2}(t)$$

$$p_9^{M_2}(t)=p_{214}^{M_2}(t)p_{224}^{M_2}(t)$$

$$p_{10}^{M_2}(t)=p_{215}^{M_2}(t)p_{224}^{M_2}(t)+p_{214}^{M_2}(t)p_{225}^{M_2}(t)$$

$$p_{11}^{M_2}(t)=p_{215}^{M_2}(t)p_{225}^{M_2}(t)$$

子系统 M_3 由 M_{31}、M_{32}、M_{33} 并联而成，首先建立单元 $M_{3r}(r=1,2,3)$ 的微分方

程，如式(6.29)所示。

$$\frac{\mathrm{d}p_{3rq}^{M_3}(t)}{\mathrm{d}t} = p_{3rq}^{M_3}(t)\boldsymbol{A}^{M_3} \tag{6.29}$$

其中

$$\boldsymbol{A}^{M_3} = \begin{bmatrix} -(2\lambda^{M_3} + \lambda^{M_3 t}) & 2\lambda^{M_3} & \lambda^{M_3 t} \\ 0 & -(\lambda^{M_3} + \lambda^{M_3 t}) & \lambda^{M_4} + \lambda^{M_3 t} \\ \mu^{M_3} & 0 & -\mu^{M_3} \end{bmatrix}$$

根据初始条件利用 MATLAB 求解如式(6.30)所示的方程组，可得到如式(6.31)所示单元 M_{3r} 的 Lz 变换函数。

$$\begin{cases} g_{3r}^{M_3} = \{g_{3r1}^{M_3}, g_{3r2}^{M_3}, g_{3r3}^{M_3}\} = \{40, 30, 0\} \\ g_{3r}^{M_3}(t) = \{g_{3r1}^{M_3}(t), g_{3r2}^{M_3}(t), g_{3r3}^{M_3}(t)\} \end{cases} \tag{6.30}$$

$$\mathrm{Lz}\{M_{3r}(t)\} = \sum_{q=1}^{3} p_{3rq}^{M_3}(t) z^{g_{3rq}^{M_3}} \tag{6.31}$$

然后利用并联运算算子，得到如式(6.32)所示子系统 M_3 的 Lz 变换函数。

$$\mathrm{Lz}\{M_3(t)\} = \Omega_{f_{\mathrm{par}}}\{\mathrm{Lz}\{M_{31}(t)\}, \mathrm{Lz}\{M_{32}(t)\}, \mathrm{Lz}\{M_{33}(t)\}\} = \sum_{m_3=1}^{10} p_{m_3}^{M_3}(t) z^{g_{m_3}^{M_3}} \tag{6.32}$$

其中

$$g_{m_3}^{M_3} = \{120, 110, 100, 90, 80, 70, 60, 40, 30, 0\}$$

$$p_1^{M_3}(t) = p_{311}^{M_3}(t) p_{321}^{M_3}(t) p_{331}^{M_3}(t)$$

$$p_2^{M_3}(t) = p_{311}^{M_3}(t) p_{321}^{M_3}(t) p_{332}^{M_3}(t) + p_{312}^{M_3}(t) p_{321}^{M_3}(t) p_{331}^{M_3}(t) + p_{311}^{M_3}(t) p_{322}^{M_3}(t) p_{331}^{M_3}(t)$$

$$p_3^{M_3}(t) = p_{311}^{M_3}(t) p_{322}^{M_3}(t) p_{332}^{M_3}(t) + p_{312}^{M_3}(t) p_{322}^{M_3}(t) p_{331}^{M_3}(t) + p_{312}^{M_3}(t) p_{321}^{M_3}(t) p_{332}^{M_3}(t)$$

$$p_4^{M_3}(t) = p_{312}^{M_3}(t) p_{322}^{M_3}(t) p_{332}^{M_3}(t)$$

$$p_5^{M_3}(t) = p_{311}^{M_3}(t) p_{321}^{M_3}(t) p_{333}^{M_3}(t) + p_{311}^{M_3}(t) p_{323}^{M_3}(t) p_{331}^{M_3}(t) + p_{313}^{M_3}(t) p_{321}^{M_3}(t) p_{331}^{M_3}(t)$$

$$\begin{aligned} p_6^{M_3}(t) = {} & p_{311}^{M_3}(t) p_{322}^{M_3}(t) p_{333}^{M_3}(t) + p_{312}^{M_3}(t) p_{321}^{M_3}(t) p_{333}^{M_3}(t) + p_{313}^{M_3}(t) p_{321}^{M_3}(t) p_{332}^{M_3}(t) \\ & + p_{313}^{M_3}(t) p_{322}^{M_3}(t) p_{331}^{M_3}(t) + p_{311}^{M_3}(t) p_{323}^{M_3}(t) p_{332}^{M_3}(t) + p_{312}^{M_3}(t) p_{323}^{M_3}(t) p_{331}^{M_3}(t) \end{aligned}$$

$$p_7^{M_3}(t) = p_{312}^{M_3}(t) p_{322}^{M_3}(t) p_{333}^{M_3}(t) + p_{313}^{M_3}(t) p_{322}^{M_3}(t) p_{332}^{M_3}(t) + p_{312}^{M_3}(t) p_{323}^{M_3}(t) p_{332}^{M_3}(t)$$

$$p_8^{M_3}(t) = p_{311}^{M_3}(t) p_{323}^{M_3}(t) p_{333}^{M_3}(t) + p_{313}^{M_3}(t) p_{321}^{M_3}(t) p_{333}^{M_3}(t) + p_{313}^{M_3}(t) p_{323}^{M_3}(t) p_{331}^{M_3}(t)$$

$$p_9^{M_3}(t) = p_{312}^{M_3}(t) p_{323}^{M_3}(t) p_{333}^{M_3}(t) + p_{313}^{M_3}(t) p_{322}^{M_3}(t) p_{333}^{M_3}(t) + p_{313}^{M_3}(t) p_{323}^{M_3}(t) p_{332}^{M_3}(t)$$

$$p_{10}^{M_3}(t) = p_{313}^{M_3}(t) p_{323}^{M_3}(t) p_{333}^{M_3}(t)$$

子系统 M_4 的 Lz 变换同子系统 M_2 和 M_3 一样，通过建立类似的微分方程，根据初始条件求解方程组得到各状态的概率值，从而得到其 Lz 变换，如式(6.33)所示。

$$\mathrm{Lz}\{M_4(t)\} = \sum_{m_4=1}^{7} p_{m_4}^{M_4}(t) z^{g_{m_4}^{M_4}} \tag{6.33}$$

其中

$$g_{m_4}^{M_4} = \{120, 100, 80, 60, 40, 20, 0\}$$

$$p_1^{M_4}(t) = p_{411}^{M_4}(t)p_{421}^{M_4}(t)$$
$$p_2^{M_4}(t) = p_{411}^{M_4}(t)p_{422}^{M_4}(t) + p_{412}^{M_4}(t)p_{421}^{M_4}(t)$$
$$p_3^{M_4}(t) = p_{411}^{M_4}(t)p_{423}^{M_4}(t) + p_{413}^{M_4}(t)p_{421}^{M_4}(t) + p_{412}^{M_4}(t)p_{422}^{M_4}(t)$$
$$p_4^{M_4}(t) = p_{411}^{M_4}(t)p_{424}^{M_4}(t) + p_{414}^{M_4}(t)p_{421}^{M_4}(t) + p_{412}^{M_4}(t)p_{423}^{M_4}(t) + p_{413}^{M_4}(t)p_{422}^{M_4}(t)$$
$$p_5^{M_4}(t) = p_{412}^{M_4}(t)p_{424}^{M_4}(t) + p_{414}^{M_4}(t)p_{422}^{M_4}(t) + p_{413}^{M_4}(t)p_{423}^{M_4}(t)$$
$$p_6^{M_4}(t) = p_{413}^{M_4}(t)p_{424}^{M_4}(t) + p_{414}^{M_4}(t)p_{423}^{M_4}(t)$$
$$p_7^{M_4}(t) = p_{414}^{M_4}(t)p_{424}^{M_4}(t)$$

6.3.2 主轴承孔制造系统的 Lz 变换

主轴承孔制造系统的子系统 $M_1 \sim M_4$ 的 Lz 变换求出来之后，利用串联运算算子，即可以得到整个系统的 Lz 变换，如式(6.34)所示。

$$\begin{aligned} \mathrm{Lz}\{M_s(t)\} &= \Omega_{f_{\mathrm{ser}}}\{\mathrm{Lz}\{M_1(t)\},\mathrm{Lz}\{M_2(t)\},\mathrm{Lz}\{M_3(t)\},\mathrm{Lz}\{M_4(t)\}\} \\ &= \Omega_{f_{\mathrm{ser}}}\Big\{\sum_{m_1=1}^{6} p_{m_1}^{M_1}(t)g_{m_1}^{M_1},\sum_{m_2=1}^{11} p_{m_2}^{M_2}(t)z^{g_{m_2}^{M_2}},\sum_{m_3=1}^{10} p_{m_3}^{M_3}(t)z^{g_{m_3}^{M_3}}, \\ &\qquad \sum_{m_4=1}^{7} p_{m_4}^{M_4}(t)z^{g_{m_4}^{M_4}}\Big\} \end{aligned} \tag{6.34}$$

$$\mathrm{Lz}\{M_s(t)\} = \sum_{m_s=1}^{12} p_{m_s}^{M_s}(t)z^{g_{m_s}^{M_s}}$$

其中

$$g_{m_s}^{M_s} = \{120,110,100,90,80,70,60,50,40,30,20,0\}$$
$$p_1^{M_s}(t) = p_1^{M_1}(t)p_1^{M_2}(t)p_1^{M_3}(t)p_1^{M_4}(t)$$
$$\begin{aligned} p_2^{M_s}(t) &= p_1^{M_1}(t)p_2^{M_2}(t)p_1^{M_3}(t)p_1^{M_4}(t) + p_1^{M_1}(t)p_1^{M_2}(t)p_2^{M_3}(t)p_1^{M_4}(t) \\ &\quad + p_1^{M_1}(t)p_2^{M_2}(t)p_2^{M_3}(t)p_1^{M_4}(t) \end{aligned}$$

$$\vdots$$

$$\begin{aligned} p_{m_s}^{M_s}(t) = &\sum_{g_{m_1}^{M_1}=g_{m_s}^{M_s}} p_{m_1}^{M_1}(t) \sum_{g_{m_2}^{M_2}\geqslant g_{m_s}^{M_s}} p_{m_2}^{M_2}(t) \sum_{g_{m_3}^{M_3}\geqslant g_{m_s}^{M_s}} p_{m_3}^{M_3}(t) \sum_{g_{m_4}^{M_4}\geqslant g_{m_s}^{M_s}} p_{m_4}^{M_4}(t) \\ &+ \sum_{g_{m_1}^{M_1}\geqslant g_{m_s}^{M_s}} p_{m_1}^{M_1}(t) \sum_{g_{m_2}^{M_2}= g_{m_s}^{M_s}} p_{m_2}^{M_2}(t) \sum_{g_{m_3}^{M_3}\geqslant g_{m_s}^{M_s}} p_{m_3}^{M_3}(t) \sum_{g_{m_4}^{M_4}\geqslant g_{m_s}^{M_s}} p_{m_4}^{M_4}(t) \\ &+ \sum_{g_{m_1}^{M_1}\geqslant g_{m_s}^{M_s}} p_{m_1}^{M_1}(t) \sum_{g_{m_2}^{M_2}\geqslant g_{m_s}^{M_s}} p_{m_2}^{M_2}(t) \sum_{g_{m_3}^{M_3}= g_{m_s}^{M_s}} p_{m_3}^{M_3}(t) \sum_{g_{m_4}^{M_4}\geqslant g_{m_s}^{M_s}} p_{m_4}^{M_4}(t) \\ &+ \sum_{g_{m_1}^{M_1}\geqslant g_{m_s}^{M_s}} p_{m_1}^{M_1}(t) \sum_{g_{m_2}^{M_2}\geqslant g_{m_s}^{M_s}} p_{m_2}^{M_2}(t) \sum_{g_{m_3}^{M_3}\geqslant g_{m_s}^{M_s}} p_{m_3}^{M_3}(t) \sum_{g_{m_4}^{M_4}= g_{m_s}^{M_s}} p_{m_4}^{M_4}(t) \end{aligned}$$

6.3.3　系统脆弱性分析

1）基于可用度变化的系统脆弱性

首先计算系统正常工作情况下的可用度，如式（6.35）所示。

$$A_0(t)=\sum_{g_{m_s}\geqslant 0}p_{m_s}^{M_s}(t)=\sum_{m_s=1}^{12}p_{m_s}^{M_s}(t)z^{g_{m_s}} \tag{6.35}$$

当系统受到各种内外扰动后，性能发生变化，多态系统的输出状态存在多种可能，因此，采取可用度的期望平均值作为系统性能下降后的可用度值，如式（6.36）所示。

$$\overline{A_{\omega'}}(t)=\sum_{m_s=1}^{12}p_{m_s}^{M_s}(t)A_{g_{m_s}}^{s}(t) \tag{6.36}$$

根据前述脆弱性计算公式（6.18），则基于可用度指标的系统脆弱性计算如式（6.37）所示。

$$V_{M_S}^{A}[S,F]=1-\frac{\sum_{m_s=1}^{12}p_{m_s}^{M_s}(t)A_{g_{m_s}}^{s}(t)}{\sum_{m_s=1}^{12}p_{m_s}^{M_s}(t)z^{g_{m_s}}} \tag{6.37}$$

图 6.3 所示为该系统主轴承孔加工系统的脆弱性曲线和可用度曲线，系统正常状态和脆弱状态下的可用度均随时间推移逐渐下降，系统脆弱状态下可用度下降较快。系统脆弱性随着时间推移逐渐加大，经过 4.25 年，系统的脆弱性达到 0.5，即中等脆弱程度。通常情况下，系统处于中等脆弱程度即需要停止生产，对系统设备进行全面检修，以防意外事故发生。

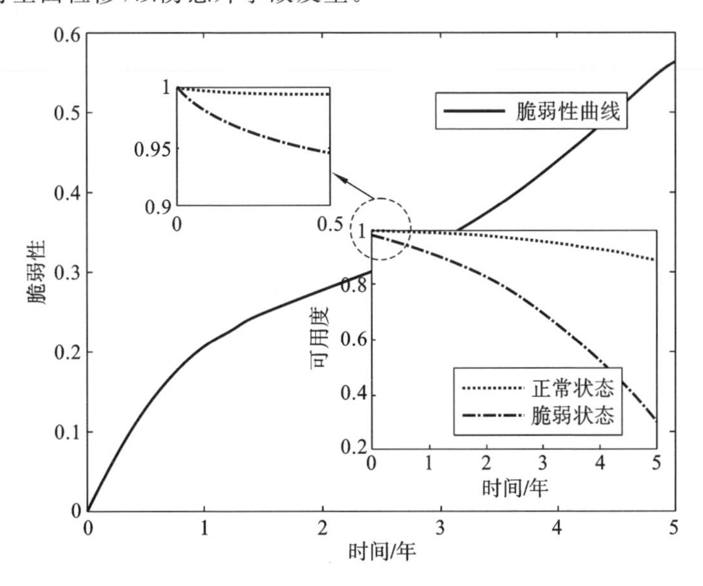

图 6.3　主轴承孔加工系统的脆弱性曲线和可用度曲线

2）基于输出期望平均值的系统脆弱性

系统正常状态下的性能输出期望平均值$\overline{G_{M_S}}(t)$计算如式(6.38)所示。

$$\begin{aligned}\overline{G_{M_S}}(t) &= \sum_{m_s=1}^{12} g_{m_s} p_{m_s}^{M_s}(t) \\ &= 120p_1^{M_s}(t) + 110p_2^{M_s}(t) + 100p_3^{M_s}(t) + 90p_4^{M_s}(t) + 80p_5^{M_s}(t) \\ &\quad + 70p_6^{M_s}(t) + 60p_7^{M_s}(t) + 50p_8^{M_s}(t) + 40p_9^{M_s}(t) + 30p_{10}^{M_s}(t) \\ &\quad + 20p_{12}^{M_s}(t) + 0p_{11}^{M_s}(t)\end{aligned} \tag{6.38}$$

系统脆弱状态下的性能输出期望值$\overline{G_{M_S'}}(t)$计算如式(6.39)所示。

$$\begin{aligned}\overline{G_{M_S'}}(t) &= 110p_2'(t) + 100p_3'(t) + 90p_4'(t) + 80p_5'(t) + 70p_6'(t) + 60p_7'(t) \\ &\quad + 50p_8'(t) + 40p_9'(t) + 30p_{10}'(t) + 20p_{12}'(t) + 0p_{11}'(t)\end{aligned} \tag{6.39}$$

式中，$p_{m_s}'(t)$为系统脆弱状态下各状态的概率。

则基于输出期望值的系统脆弱性如式(6.40)所示。

$$V_{M_s}^G[S,F] = 1 - \frac{\sum_{m_s=2}^{12} g_{m_s} p'_{m_s}(t)}{\sum_{m_s=1}^{12} g_{m_s} p_{m_s}^{M_s}(t)} \tag{6.40}$$

图6.4所示为该系统性能输出期望平均值变化曲线和脆弱性曲线，从该图中可以看出，系统脆弱性在$t=3.25$年以前，上升速度较快，达0.45后进入一个平缓的上升期。同时，从该图中的小框中所示的系统输出期望平均值变化曲线可知，如

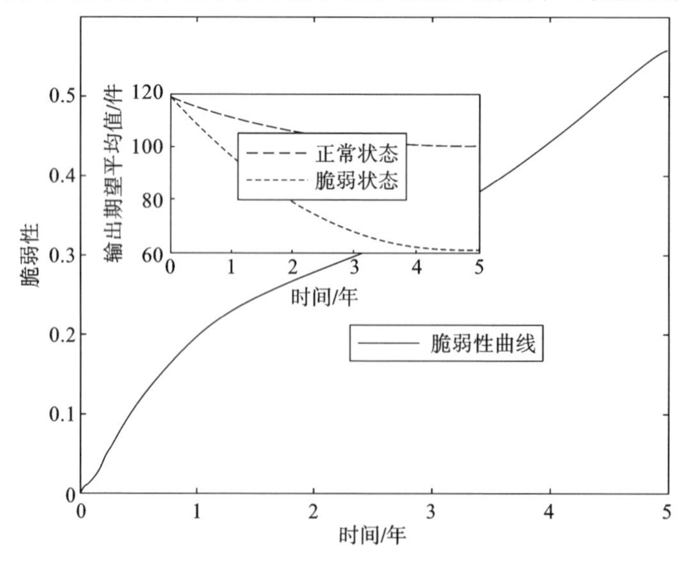

图6.4 性能输出期望平均值变化曲线和脆弱性曲线

果不考虑维护情况，系统的输出期望平均值会随着时间逐渐下降，但下降的幅度很小，呈比较平缓的逐步下降过程。而当系统受到故意干扰或破坏时，系统输出期望平均值下降明显。对比两者可发现，脆弱性曲线能够真实反映系统输出期望平均值在正常状态和脆弱状态下的变化趋势。

3）基于性能缺陷的系统脆弱性

正常状态下的系统性能缺陷计算如式(6.41)所示。

$$\begin{aligned} D_{120}^{M_s}(t) &= \sum_{m_s=1}^{12} p_{m_s}^{M_s}(t)\max\{\omega - g_{m_s'}, 0\} \\ &= 10p_2^{M_s}(t) + 20p_3^{M_s}(t) + 30p_4^{M_s}(t) + 40p_5^{M_s}(t) + 50p_6^{M_s}(t) + 60p_7^{M_s}(t) \\ &\quad + 70p_8^{M_s}(t) + 80p_9^{M_s}(t) + 90p_{10}^{M_s}(t) + 100p_{11}^{M_s}(t) + 120p_{12}^{M_s}(t) \end{aligned} \tag{6.41}$$

脆弱状态的瞬时性能缺陷值为各种状态下的期望值，计算如式(6.42)所示。

$$\begin{aligned} \overline{D_{\omega}^{M_s}}(t) &= \sum_{m_s=1}^{12} p_{m_s}^{M_s}(t) D_{\omega = g_{m_s}^s}^{M_s} \\ &= \frac{1}{12}\times 10p_2^{M_s}(t) + \frac{2}{12}\times 20p_3^{M_s}(t) + \frac{3}{12}\times 30p_4^{M_s}(t) + \frac{4}{12}\times 40p_5^{M_s}(t) \\ &\quad + \frac{5}{12}\times 50p_6^{M_s}(t) + \frac{6}{12}\times 60p_7^{M_s}(t) + \frac{7}{12}\times 70p_8^{M_s}(t) + \frac{8}{12}\times 80p_9^{M_s}(t) \\ &\quad + \frac{9}{12}\times 90p_{10}^{M_s}(t) + \frac{10}{12}\times 100p_{11}^{M_s}(t) + \frac{11}{12}\times 120p_{12}^{M_s}(t) \end{aligned} \tag{6.42}$$

代入前述脆弱性计算公式，可得到基于性能缺陷的系统脆弱性如式(6.43)所示。

$$V_{M_S}^{D}[S,F] = 1 - \frac{\bar{\omega} - \overline{D_{\omega}^{M_S}}(t)}{\omega_0 - D_{120}^{M_S}(t)} \tag{6.43}$$

图 6.5 所示为该系统瞬时性能缺陷变化曲线和脆弱性曲线，从该图中可以看出，系统的脆弱性在开始阶段时上升较快，然后进入一个缓慢上升期，在 $t=3.5$ 以后上升速度加快，上升速度随着时间推移而逐渐加大。这主要是因为在开始阶段，系统磨合不够，性能稳定性没有达到最好状态，因此脆弱性缓慢上升，而在后期阶段，设备老化、陈旧等问题导致系统性能稳定性下降，脆弱性显著上升。此外，从系统的瞬时性能缺陷变化曲线图(图 6.5 中的小框)也可以看出，两种状态下的瞬时性能缺陷均随着时间逐渐上升，正常状态下时上升比较平缓、幅度较小，脆弱状态下的瞬时性能缺陷上升明显，系统偏离正常运行的可能性变大，与脆弱性显著上升的情况一致。

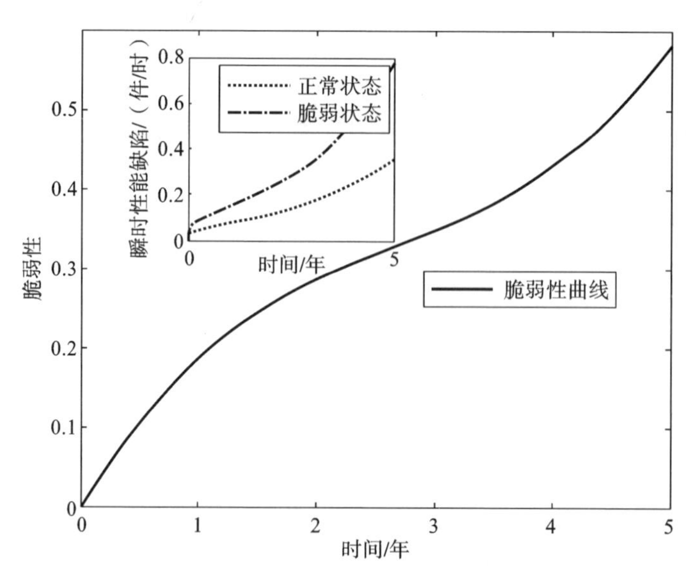

图 6.5 瞬时性能缺陷变化曲线和脆弱性曲线

6.4 小 结

(1) 相比于传统的脆弱性评估方法，本章所提方法可以解决多状态系统的性能参数实时变化的情况，传统脆弱性评估方法对比如表 6.2 所示。

表 6.2 传统脆弱性评估方法对比

方法名称	状态熵评估法	复杂网络法（见本书第 7 章）	通用生成函数法	Lz 变换法
基本原理	基于信息熵原理计算系统各种状态下的脆性熵，以度量系统脆弱性	通过建立系统的复杂网络模型，然后利用复杂网络的性能变化来度量系统脆弱性	根据系统的结构特征和通用生成函数原理得到系统通用生成函数，基于脆性熵建立脆弱性评估模型	求解系统的 Lz 变换函数，以可靠性指标为评价因子建立脆弱性评估模型
优缺点	原理简单，操作方便，但计算量大，遇到系统状态较多产生状态组合爆炸时，该方法无效	结构脆弱性计算容易，但功能脆弱性计算时，节点的业务统计容易产生偏差，结果误差较大，且复杂网络模型构造困难	计算量相对状态熵方法小，求解效率较高，可以解决系统状态组合爆炸问题。但系统的通用生成函数求解较困难，且脆弱性的计算误差较大	可以解决系统性能参数实时变化情况下的系统脆弱性问题，但系统的性能评估指标会影响脆弱性评价结果的精度

续表

方法名称	状态熵评估法	复杂网络法（见本书第 7 章）	通用生成函数法	Lz 变换法
适用场合	适用于系统状态数不多且状态已知情况	适用于节点业务易于统计、系统复杂网络模型容易构建的情况	只适用于状态已知的系统，对性能参数变化的系统无法求解	适用于可靠性指标易于计算的各种场合

(2) 基于系统可用度、输出期望平均值和性能缺陷三个可靠性指标的变化，得到基于 Lz 变换的系统脆弱性变化曲线，与基于蒙特卡罗仿真方法得到的脆弱性仿真结果进行对比，结果如图 6.6 所示。两种方法所得的脆弱性结果基本一致，两种方法计算所得到的系统脆弱性结果的最大偏差为 7.89%，说明基于 Lz 变换和可靠性指标变化的分析方法可以较好地用于多状态系统的脆弱性分析。此外，由多状态系统的特性可知，传统的状态熵评估法、复杂网络法、通用生成函数法等均无法准确分析多状态系统的脆弱性。由此可见，基于 Lz 变换和可靠性指标变化的方法可以从理论上对多状态系统的脆弱性进行分析，有利于进一步深入了解系统脆弱性的变化趋势和系统劣化的规律，为系统的故障诊断和预防性维修提供准确的健康预测。

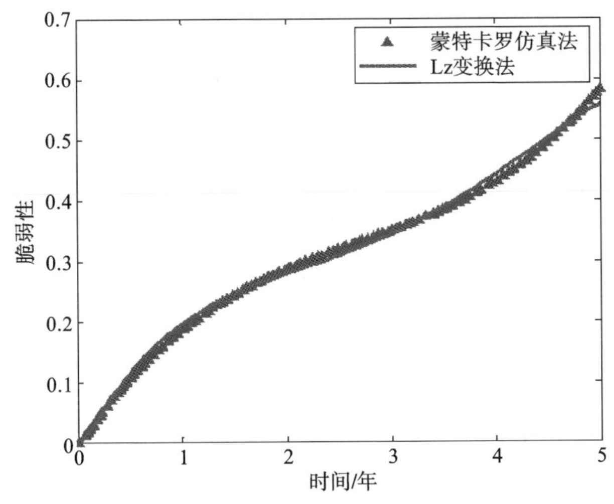

图 6.6　Lz 变换法与蒙特卡罗仿真法的脆弱性对比

(3) 脆弱性是系统的固有属性，与系统结构、内外干扰等诸多因素有关，本章虽然以可靠性的相关指标得到了多状态系统的脆弱性曲线，但对于其单元之间可能存在的故障传播与连锁效应等缺乏深入分析。因此，如何衡量设备、单元和子系统间的脆弱性关联，掌握它们之间的脆弱性传递规律也是后续研究中亟须解决的问题。

（4）脆弱性的传递规律研究可采用基于性能评价的进程代数语言知识，对多状态系统脆弱性的扩散过程进行描述和分析，建立脆弱性扩散的相关语义表达方式、设计相关的语义规则等；对多状态系统的单元内节点故障传播、单元间风险传播、单元间状态迁移等脆弱性扩散现象建立不同的扩散模型，分析它们的传播速度、传播规则与传播路径等；设计脆弱性峰值指数、脆弱性稳态指数等评估指标，对系统的脆弱性扩散机理进行仿真分析。

参考文献

[1] CHI Z, CHEN R, HUANG S, et al. Multi-state system modeling and reliability assessment for groups of high-speed train wheels[J]. Reliability Engineering & System Safety, 2020, 202: 107026.

[2] HE Q, ZHANG R, LIU T, et al. Multi-state system reliability analysis methods based on Bayesian networks merging dynamic and fuzzy fault information[J]. International Journal of Reliability and Safety, 2019, 13(1-2): 44-60.

[3] MI J, LI Y F, PENG W, et al. Reliability analysis of complex multi-state system with common cause failure based on evidential networks[J]. Reliability Engineering & System Safety, 2018, 174: 71-81.

[4] SHAO C, DING Y. Two-interdependent-performance multi-state system: Definitions and reliability evaluation[J]. Reliability Engineering & System Safety, 2020, 199: 106883.

[5] Meenakshi K, Singh S B. Reliability Analysis of Multi-state Two-Dimensional System by Universal Generating Function[M]//Mathematical Analysis and Applications in Modeling. London: Springer, 2020.

[6] 王陶. 多状态系统重要度评估的随机抽样方法[D]. 南京：南京航空航天大学，2019.

[7] YIN H, LI B, ZHU J, et al. Measurement method and empirical research on systemic vulnerability of environmental sustainable development capability [J]. Sustainability, 2014, 6(12): 8485-8509.

[8] GUIBING G, JUNSHEN W, WENHUI Y, et al. Structural-vulnerability assessment of reconfigurable manufacturing system based on universal generating function[J]. Reliability Engineering & System Safety, 2020, 203: 107101.

[9] GUIBING G, WENHUI Y, WENCHU O. Vulnerability evaluation method applied to manufacturing systems[J]. Reliability Engineering & System Safety, 2018, 180: 255-265.

[10] WU M, SONG Z, MOON Y B. Detecting cyber-physical attacks in Cyber Manufacturing systems with machine learning methods[J]. Journal of

Intelligent Manufacturing,2019,30:1111-1123.

[11] ASLAM R A,SHRESTHA S,PANDEY V P. Groundwater vulnerability to climate change:A review of the assessment methodology[J]. Science of the Total Environment,2018,612:853-875.

[12] CHAKRABORTY A, SAHA S, SACHDEVA K, et al. Vulnerability of forests in the Himalayan region to climate change impacts and anthropogenic disturbances: a systematic review [J]. Regional Environmental Change,2018,18:1783-1799.

[13] 高贵兵,岳文辉,王峰.考虑性能参数变化的混流制造系统脆弱性评估方法[J].机械工程学报,2019,55(18),215-224.

[14] DAWSON R J, WANG M. An agent-based model for risk-based flood incident management[J]. Natural Hazards,2011,59:167-189.

[15] ZIO E,FERRARIO E. A framework for the system-of-systems analysis of the risk for a safety-critical plant exposed to external events[J]. Reliability Engineering & System Safety,2013,114:114-125.

[16] 高贵兵,岳文辉,张人龙.基于状态熵的制造系统结构脆弱性评估方法[J].计算机集成制造系统,2017,10(23):2211-2220.

[17] 高贵兵,岳文辉,欧文初.基于通用生成函数的混流制造系统脆弱性评价方法[J].中国机械工程,2018,29(17):2087-2093+2099.

[18] LISNIANSKI A,FRENKEL I,KHVATSKIN L. On Birnbaum importance assessment for aging multi-state system under minimal repair by using the Lz-transform method[J]. Reliability Engineering & System Safety,2015,142:258-266.

[19] JAFARY B,FIONDELLA L. A universal generating function-based multi-state system performance model subject to correlated failures [J]. Reliability Engineering & System Safety,2016,152:16-27.

[20] LISNIANSKI A. Lz transform for a discrete-state continuous-time Markov process and its applications to multi-state system reliability [M]. New Jersey:John Wiley & Sons,2012:79-95.

[21] LLOYD C, ALDIN Z, STATTON B, et al. Vulnerability assessment of cybersecurity for SCADA systems [J]. IEEE Transactions on Power Systems,2008,23(4):1836-1846.

[22] 胡杰鑫,谢里阳,尹伟,等.复杂结构件疲劳可靠性模型与评估技术研究[J].西安交通大学学报,2018,52(7):123-129.

[23] 肖刚,李天柁,余梅.动态系统可靠性仿真的五种蒙特卡罗方法[J].计算物理,2001,18(2):173-176.

第 7 章　基于复杂网络的评估方法

【核心内容】

针对混流制造系统结构脆弱性难以量化评估的难题，本章在分析系统脆弱性成因的基础上，基于复杂网络理论提出了一种基于复杂网络的混流制造系统脆弱性综合评估方法。

(1) 定义混流制造系统复杂网络的节点、边、局域世界和网络生长模式，建立混流制造系统复杂网络模型。

(2) 将混流制造系统的脆弱性分为拓扑结构脆弱性和功能脆弱性两个维度，分析它们的构成因素，并利用节点重要度、边重要度计算系统的拓扑结构脆弱性。

(3) 基于设备故障发生机理，利用系统的功效性指标计算系统的功能脆弱性，综合两种脆弱性建立系统的整体脆弱性综合评估模型。

(4) 以某汽车发动机装配系统为例，建立发动机装配系统复杂网络模型，对发动机装配系统的拓扑结构脆弱性、功能脆弱性进行仿真分析，得出系统的综合脆弱性，指出了系统的薄弱环节，并就其安全运行给出合理的建议。

7.1　引　　言

在各种自然灾害中保持生产的稳健性是制造系统领域近年来的研究重点。混流制造系统受到各种自然灾害、突发事故、风险等而引起的减产、停产等现象不是偶然的，而有其深层次的原因，其中系统的脆弱性是主要原因之一。脆弱性是指系统组成要素故障或受攻击后，系统整体功能的损失程度，脆弱性具有放大灾害事故的作用。脆弱性概念的普适性很强，即自然界中所有的研究对象均可能存在不同程度的脆弱性，它已经成为系统安全领域不可或缺的部分。

当前国内外对于脆弱性的研究在社会学、自然科学领域较多，但各自的研究侧重点不一样，社会学领域的专家认为其研究应该从政治、经济和社会关系入手。国际减灾策略委员会将脆弱性定义为人类活动受到灾害的影响状态和自我保护程度；Baker 将脆弱性定义为系统应对环境危害时的易感性和存活性；Barabasi 认为脆弱性是人们面对不利损失而无法采取有效措施的一种无能状态，是一种感知灾害能力的函数。自然科学领域的研究重点是各种生态系统，如 Fuchs 认为生态系统的脆弱性是系统缺乏从干扰后的演化状态恢复如初的能力；张旺勋等认为复杂系统的脆弱性是系统容易受到攻击或容易被破坏的趋势，是系统的一种缺陷或容易受到破坏的表现。概括来讲，脆弱性表明系统内部存在不稳定性因素，遇到干扰或发生故障时，系统性能容易发生改变，系统功能发生损失。

脆弱性的量化评估是脆弱性研究的重点，评估方法因领域与学科不同而存在差异。如计算机领域的脆弱性评估分为需求分析、方案制定、实施评估、补救和加固以及验证审核五个阶段；生态环境系统脆弱性评估的关键是建立评估指标体系，可以采用定性与定量相结合的方法，评估结果的精确性与选择的指标有关；灾害系统常采用模糊综合评判法或层次分析法判断系统的灾害脆弱性水平；地下水系统的脆弱性评估通常利用 CIS 技术和其他专业软件，借助模糊数学和指标加权等方法进行。除此之外，像电力系统脆弱性评估通常采用复杂网络理论或者利用基尔霍夫电压、电流定律建立相应的数学模型来进行；地铁系统的脆弱性评估通常从其网络结构脆弱性和社会功能脆弱性等方面建立不同的评估模型；供应链的脆弱性评估一般通过分析网络的结构特征进行。当然，还有其他领域所采取的评估方法虽有细微差异，但基本原理和方法与上述所列出的各种评估方法类似。

Albino 和 Garavelli 等以生产系统敏感性为度量目标，建立了生产系统未完成任务的脆弱性评估方法，这种方法没有考虑生产系统面临的各种风险、故障，对生产系统的评估不全面；Nof 和 Morel 等指出企业面临的诸多不确定性会给整个生产网络带来了脆弱性的隐忧，但没有提供生产网络脆弱性的量化评估方法；Cheminod 和 Bertolotti 等指出生产系统受到各种内外因素的影响会引起系统效能中断或瓦解，导致整个生产网络变得越发脆弱，但没有考虑系统结构对于脆弱性的影响，且没有效能损失的量化评价标准；Kócza 和 Bossche 等建立了分析生产系统脆弱性的 IRAS 平台，但该平台只用于分析系统的可靠性，将脆弱性作为可靠性的一个影响因素，没有分析脆弱性的具体成因和构成因素；柳剑等从人员、环境以及制造过程三个方面分析了系统脆弱性的产生机理和激发因素，用以评估系统的可靠性。

针对现有混流制造系统脆弱性问题研究的不足，本章利用复杂网络的相关知识对其脆弱性进行综合评价。首先，基于复杂网络的基本原理，建立混流制造系统复杂网络模型。其次，利用复杂网络的拓扑结构特征和性能评价函数对系统的结构脆弱性和功能脆弱性进行评价，建立了系统整体脆弱性的综合评估模型。再次，以发动机装配系统为例，通过厘清发动机装配线、工作单元和设备之间的相互关系，对发动机装配过程中的主线、子线、装配单元等关系进行关联、抽象和简化，构建了发动机装配系统复杂网络，用以对系统的脆弱性进行综合分析、评价。最后，根据脆弱性的分析结果，对发动机制造系统的安全防护提出了相应的防护策略，并做出总结。

7.2 基于复杂网络的脆弱性综合评估模型

7.2.1 复杂网络脆弱性

具有自组织、自相似、吸引子、小世界、无标度中部分或全部性质的网络称为复杂网络，它可以用来描述现实世界中的复杂系统。网络的脆弱性指网络节点受到攻击后网络效能的下降程度。

定义某节点受到风险发生故障后导致整个网络的效率损失比例称为网络效率损失，如式(7.1)所示。

$$\mathrm{EL}(v_i)=\frac{E_G-E_{G_i}}{E_G} \tag{7.1}$$

式中，E_G 为网络 G 正常情况下的效率；E_{G_i} 为节点 i 失效后的网络效率。$\mathrm{EL}(v_i)$ 越大，对应节点重要性越大，该节点发生故障时造成的网络效率损失越大。

7.2.2 混流制造系统复杂网络相关定义

1）节点

制造系统的各种加工、装配、检测单元与配送中心等为制造系统网络的节点，节点包括主节点和普通节点，主节点为制造过程中一些重要的制造单元或制造工序，普通节点则指主节点以外的节点。

2）边

制造过程中的各种工艺路线、物流关系以及装配工艺之间的优先关系等为制造系统网络拓扑中的边。

3）局域世界

制造系统网络中的核心单元为局域世界，在该局域世界内，制造系统网络节点之间的连接具有优选性。

4）网络生长

制造系统网络中的节点、边或者局域世界的增加即为网络生长。

5）混流制造系统复杂网络

混流制造系统网络的节点、边、局域世界等经过网络生长而构成的网络。

7.2.3 混流制造系统脆弱性相关定义

借鉴复杂网络的相关理论，令 i,j 表示网络的节点，k_i 表示节点 i 的度，$e_{i,j}$ 为连接两节点的边，N 为所有节点总数，N_0 为脆弱节点数，混流制造系统脆弱性评估模型的相关定义如下。

1）节点重要度

节点度中心性 $C_D(k_i)$、介数中心性 $C_B(k_i)$ 和紧密度中心性 $C_X(k_i)$ 通过加权聚合得到的重要度值为节点重要度 $W(k_i)$，如式(7.2)所示。

$$W(k_i)=\frac{w(k_i)}{\max\{w(k_i)\}} \tag{7.2}$$

其中 $w(k_i)=\frac{C_B(k_i)}{\max\{C_B(k_i)\}}+\frac{C_D(k_i)}{\max\{C_D(k_i)\}}+\frac{C_X(k_i)}{\max\{C_X(k_i)\}}$。

2）边重要度

边的介数中心性 $C_B(e_{i,j})$ 归一化处理后的值为边重要度 $W(e_{i,j})$，如式(7.3)所示。

$$W(e_{i,j})=\frac{C_B(e_{i,j})}{\max\{C_B(e_{i,j})\}} \tag{7.3}$$

3）制造系统拓扑结构脆弱性

制造系统网络中脆弱节点的重要度之和与所有节点和边的重要度之和的比例为制造系统网络拓扑结构脆弱性 V_{sT}，如式(7.4)所示。

$$V_{sT}=\frac{\sum_{l=1}^{N_o}W(\mathrm{ok}_l)}{\sum_{i=1}^{N}W(k_i)+\sum_{i\neq j,i,j=1}^{N}W(e_{i,j})} \tag{7.4}$$

式中，$\sum_{l=1}^{N_o}W(\mathrm{ok}_l)$ 为系统中所有脆弱节点的重要度之和；$\sum_{i=1}^{N}W(k_i)$ 为所有节点的重要度之和；$\sum_{i\neq j,i,j=1}^{N}W(e_{i,j})$ 为所有边的重要度之和。

4）混流制造系统功能脆弱性

混流制造系统功能脆弱性 V_{sA} 为制造系统设备、单元受到风险、灾害或事故引发故障后系统性能的平均下降程度，可以衡量混流制造系统动态的功能脆弱性，如式(7.5)所示。

$$V_{sA}=\frac{\sum_{n_o=1}^{N_o}E(n_o)}{N_oE(0)} \tag{7.5}$$

式中，$E(n_o)$ 为系统的功效性指标，它随着发生故障的节点数目增多而下降，系统瘫痪时，$E(n_o)=0$。$E(0)$ 表示系统的功效性指标正常值，$E(1)$ 表示一个节点发生故障时的功效性指标平均值，其中制造系统网络 G 的功效性指标具体计算如式(7.6)所示。

$$E(G)=\frac{1}{n(n-1)}\sum_{i,j\in G,i\neq j}\frac{1}{d_{ij}}\frac{\sum_{i\neq j,d_{ij}\neq 0}S_{ij}}{\sum_{i\neq j}S_{ij}} \tag{7.6}$$

式中，S_{ij}为节点i，j间的业务（为简化计算，本章混流制造系统网络节点间的业务只考虑了节点间的物流关系）；d_{ij}为最短路径；$\sum_{i\neq j}S_{ij}$为节点间的业务总量；$\sum_{i\neq j,d_{ij}\neq 0}S_{ij}$为当前网络正在传输的业务总量。

由混流制造系统功能脆弱性的定义可知，V_{sA}是正向指标，即V_{sA}值越大，单元、设备发生故障时系统的性能下降速度越慢，系统的稳定性越好。

7.2.4 混流制造系统脆弱性分析评价框架

混流制造系统脆弱性分析必须把握脆弱性的分析维度，它是认识、了解混流制造系统脆弱性的一种视角。本章将混流制造系统的脆弱性分为静态结构脆弱性和功能脆弱性两个维度，提出一种基于复杂网络-功能评估的脆弱性综合分析方法，如图7.1所示。一方面，利用复杂网络的拓扑结构脆弱性原理分析混流制造系统的静态结构脆弱性，另一方面，根据设备故障发生原理和网络效能函数，分析混流制造系统的网络节点发生故障时系统的功能脆弱性（即功能下降程度）。

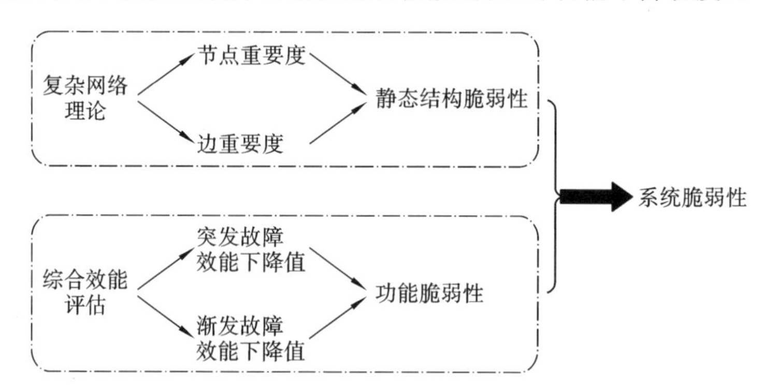

图7.1 混流制造系统脆弱性分析框架

静态结构脆弱性和功能脆弱性是脆弱性综合评价的两个维度，前者以系统的网络拓扑结构为基础，比较客观，计算方便，而后者基于设备故障理论，从设备的渐发故障和突发故障两个方面，利用仿真模拟分析系统综合性能的变化趋势，具有一定的主观性。

系统整体脆弱性评价时，需要对这两类脆弱性进行综合处理，根据综合指标法将两者融合到一起来进行系统的整体脆弱性评价，如式(7.7)所示。

$$V_s = \alpha V_{sT} + \beta V_{sA} \tag{7.7}$$

式中，α和β分别代表两者对应的权重，$\alpha+\beta=1$。基于木桶原理，若以系统最薄弱环节衡量整体脆弱性，则$V_s=\max(V_{sT},V_{sA})$，此时$\alpha=1,\beta=0$或者$\alpha=0,\beta=1$。

7.2.5 混流制造系统结构脆弱节点识别

混流制造系统复杂网络中不同节点影响力不同，有些节点作为局域网络的核心，一旦失效，该局域网络会解体，这种节点是典型的脆弱节点；有些节点是不同局域世界之间的桥梁，这种节点一旦破坏，将造成局域世界出现孤立的情况，这类节点决定了系统的抗毁性，也是系统的脆弱节点。如何界定脆弱节点是脆弱性评价的关键。

基于复杂网络节点度中心性、介数中心性和紧密度中心性定义，计算所有节点度中心性、介数中心性和紧密度中心性值，以式(7.2)计算节点的重要度，定义重要度值高的前 n_0 个节点为网络的脆弱节点，脆弱节点发现算法核心流程如下。

(1) 计算混流制造系统复杂网络节点度中心性 $C_D(k_i)$、介数中心性 $C_B(k_i)$ 和紧密度中心性 $C_X(k_i)$ 指标值。

(2) 对计算的各指标值归一化处理，然后利用式(7.2)计算所有节点的重要度值。

(3) 对所有节点的重要度值进行排序，重要度值最高的前 N_0 个节点定义为系统结构的脆弱节点。

7.2.6　混流制造系统功能脆弱性仿真

对节点的随机突发故障和渐发性故障，在有业务和无业务两种状态下的性能下降趋势进行仿真。随机突发故障时，随机选择系统中的任意节点，令其突然发生故障，失去功效，并逐步扩大失效范围(节点个数)。根据图7.2所示设备故障渐变P-F示意，在故障的P-F间隔期间，性能变化近似直线。因此在仿真时，对于选择的节点，令其性能变化在给定的时间内服从线性分布，即性能逐渐下降直至发生故障。功能脆弱性仿真过程分随机渐发故障和蓄意渐发故障两种，前者是随机选择任意节点，令其性能变化在给定的时间范围内随直线下降直至节点失效，发生故障，然后逐步扩大选择范围；后者根据节点的业务情况，优先选择任务最繁忙的节点，令其发生渐发故障，然后选择任务繁忙度次高的节点，依此类推。

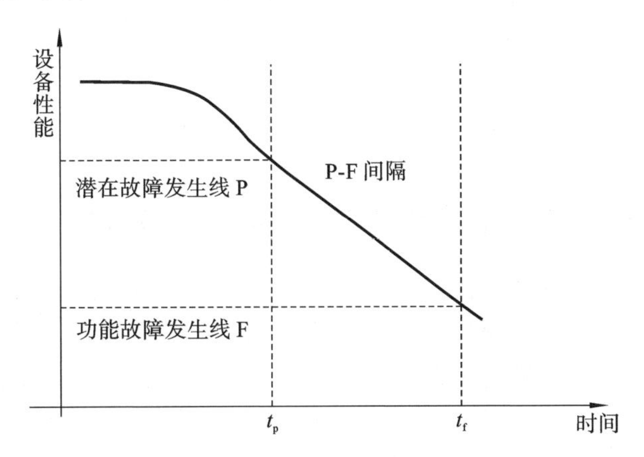

图7.2　设备故障渐变P-F示意

7.3 发动机装配系统脆弱性分析

7.3.1 发动机装配系统结构分析

以某汽车发动机装配线为例来研究混流制造系统脆弱性，该发动机装配线布局如图 7.3 所示，物料配送中心位于生产线的一端，该装配线包括 2 条主线和 4 条支线。主线分为 A、B、C、D 段，用于发动机气缸体输送，完成缸体上线、装主轴瓦、拧紧主轴螺旋、下缸体安装、装机油泵、装正时齿轮室、装凸轮轴等主要装配工作。支线分别输送缸盖、变速器、活塞连杆、曲轴，完成变速箱装配、活塞分装、缸盖分装、装飞轮盘与飞轮、凸轮轴分装、水道分装等主要装配工作。在装配过程中各主要装配工序又分为许多小的装配工序。

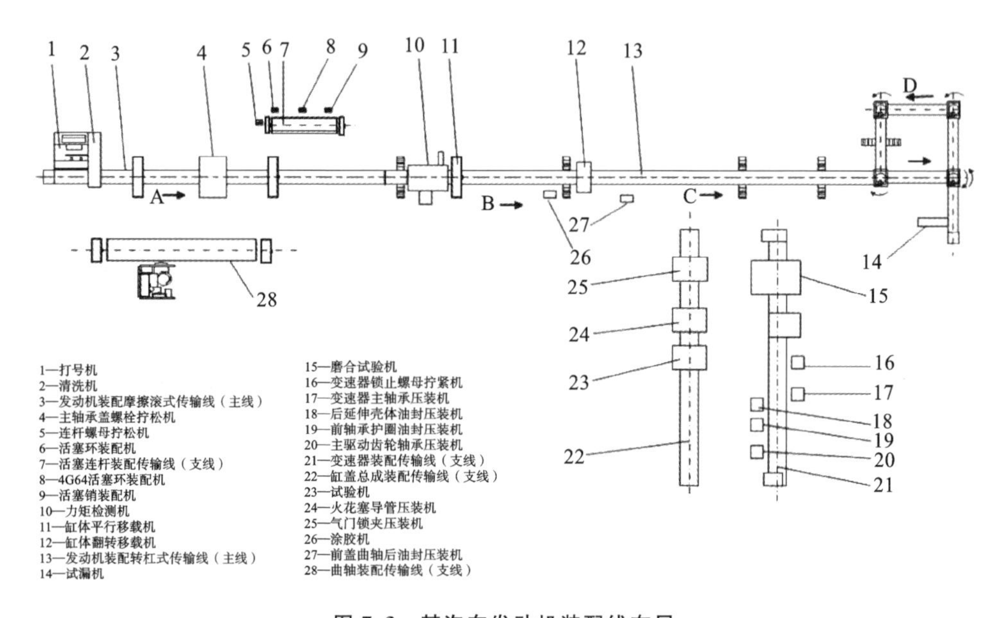

图 7.3 某汽车发动机装配线布局

7.3.2 发动机装配系统的复杂网络模型构建

根据装配线复杂网络的相关定义，以制造单元和主要装配工位为网络的主节点，以装配过程中细分的装配工序为次要节点，以装配制造单元和各工序之间的物流关系为边。基于发动机装配线的装配过程，将活塞分装、缸体上线、装主轴瓦、拧紧主轴螺旋、下缸体安装、装机油泵、装飞轮盘、飞轮装配、离合器装配、装正时齿轮室、装凸轮轴、装变速箱、油底壳安装、线束安装和检查等工序设为网络中的主要节点，分别用 CA01、CA02、…、CA19 表示，物料配送中心用 MPC 表示。根据装配工艺，每个主装配单元根据装配原理细分成许多小的装配工序，如活塞分装包括清洗、检验、活塞销压入、装锁环、装活塞环等工序；油底壳安装包括油底壳检查、水道总成、压缩机、支架、起动机、起动机线束、爆震传感器、机油滤清器、定位销、气缸垫、缸盖总成等安装工序。将所有子工序设为网络的次要节点，如果节点间存在工艺关联性，则用边连接各种主次节点，即构成如图 7.4 所示的发动机装配系统的复杂网络模型。

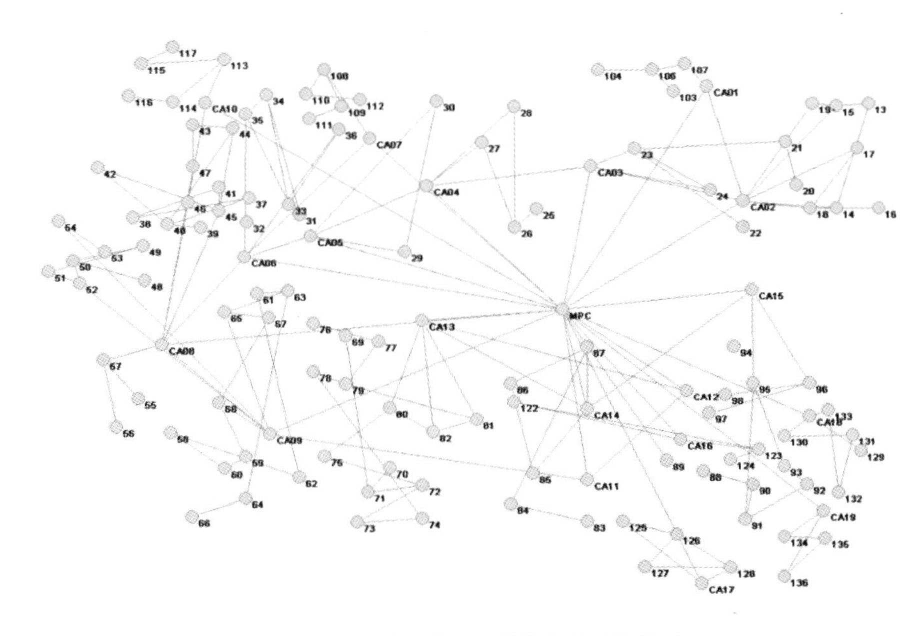

图 7.4　发动机装配系统的复杂网络模型

7.3.3　发动机装配系统脆弱性分析

1）基于节点重要度的脆弱节点识别

根据脆弱节点发现算法，对发动机装配系统复杂网络的度中心性、介数中心性和紧密度中心性值以及三者的综合情况进行降序排列，如图 7.5～图 7.8 所示。可以看出，大多数节点的度中心性、介数中心性和紧密度中心性值都很低，但少数节点具有较高的度中心性值，它们与其他节点的连通度大，是系统的枢纽和核心，受到攻击或破坏时，对系统的功能影响巨大。节点的介数中心性反映了节点所需的信息处理能力，其值越大，信息处理任务越繁重，受到风险攻击的概率越大，而节点的紧密度中心性反映了该节点对网络中其他节点施加影响的能力，在网络的脆弱性传递中，其值越高，向相邻节点扩散的能力越强，越容易引起系统崩溃。对发动机装配系统复杂网络的度中心性、介数中心性和紧密度中心性值进行归一化处理，然后利用式(7.2)计算所有节点的重要度值。定义发动机装配系统网络节点重要度值最高的10%的节点为脆弱节点,具体见表7.1。

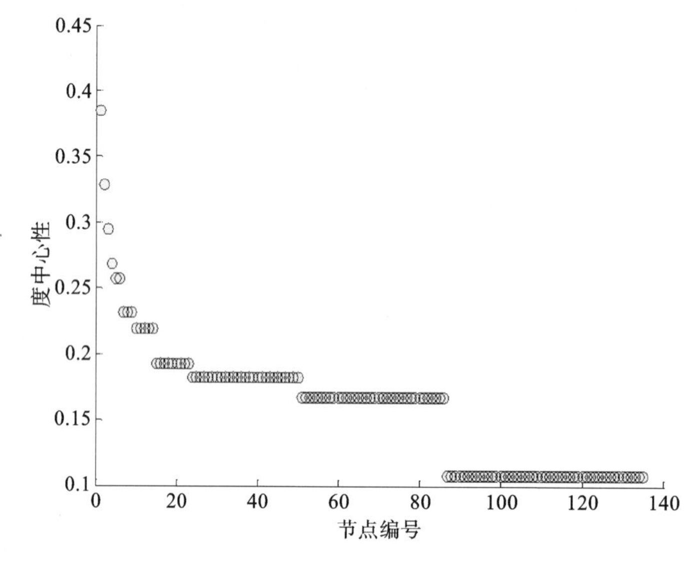

图7.5　节点度中心性

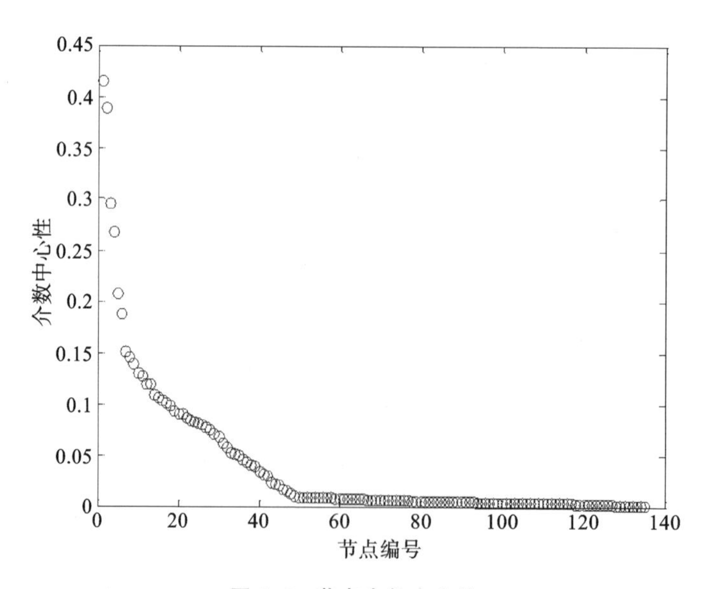

图7.6　节点介数中心性

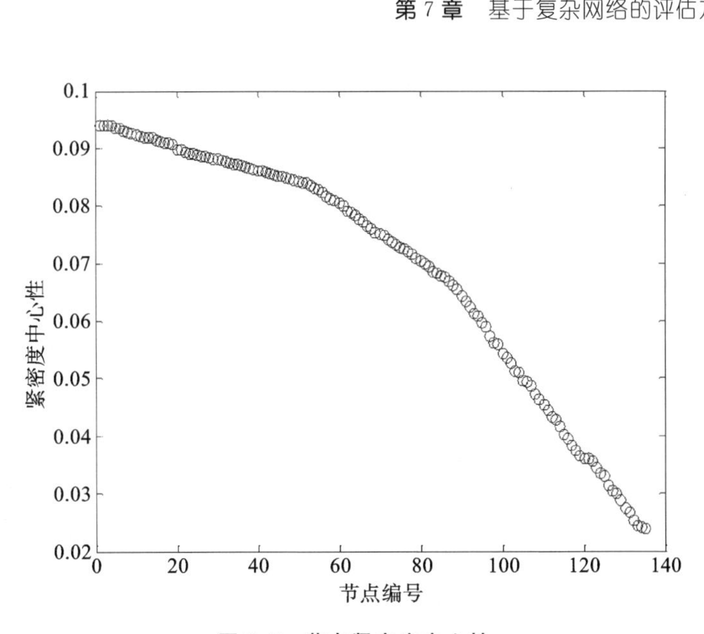

图 7.7　节点紧密度中心性

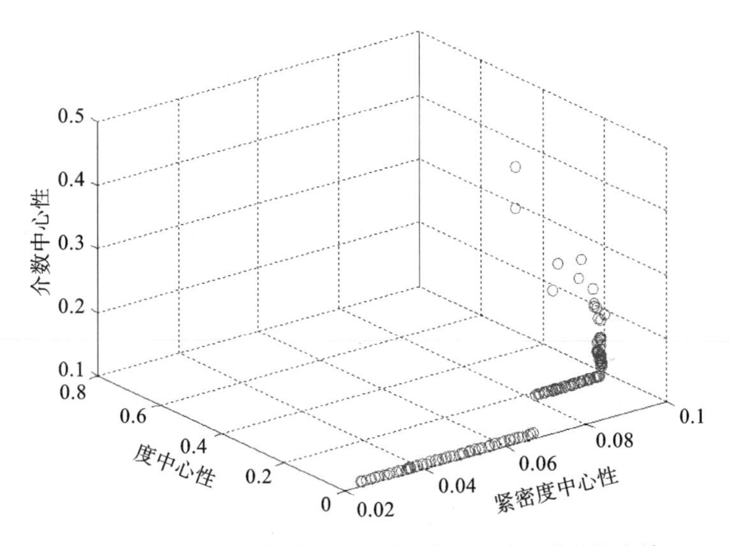

图 7.8　节点度中心性、介数中心性和紧密度中心性的综合情况

表 7.1　脆弱性分析结果

脆弱节点	V_{sT}	V_{sA}	V_s
MPC，CA09，CA06，CA03，CA05，CA02，CA10，CA04，CA07，CA01，CA08，CA11，CA12，CA13，CA14，CA15，96，60，12，50，120，139	0.593	0.4726	0.5328

2）基于网络效率损失的脆弱节点发现

图 7.9 为发动机装配系统各个节点受到攻击发生故障后的网络效率损失，从该

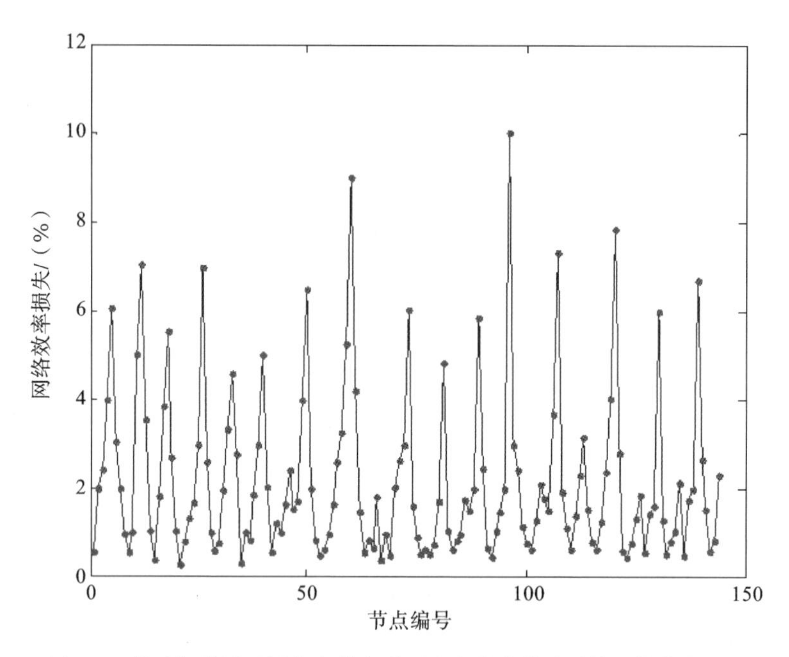

图 7.9　发动机装配系统各个节点受到攻击发生故障后的网络效率损失

图中可以得出，造成系统效率损失较大的节点编号有 96、60、12、50、120、139 等，这些节点在网络中起到“网络桥”作用，发生故障后会导致网络的分割，是典型脆弱节点。

3）功能脆弱性仿真分析

制造系统的功能脆弱性主要考虑系统易发生故障的状态，通过分析与仿真找出系统的薄弱环节。节点的功能脆弱性表示该节点故障的发生概率、成本以及修复水平等。

无业务时的功能脆弱性反映系统的拓扑结构抗毁性，节点发生故障时系统性能下降越慢说明系统拓扑结构的抗毁性越强。有业务时的脆弱性仿真有利于找到系统脆弱性环节，节点故障后系统性能下降越快，则该节点在网络中越薄弱，对应的设备、单元更容易受到事故、风险和灾害的干扰与破坏。图 7.10 为无业务时制造系统功能脆弱性仿真结果，图 7.11 为有业务时制造系统功能脆弱性仿真结果。两种情况下节点故障均使系统性能曲线下降，在无业务模式下，节点在蓄意渐发故障模式下，失去不到 10%的节点就会造成系统的网络效能下降 60%以上，而在有业务的情况下，混流制造系统网络受到蓄意渐发故障时性能下降得更快。

以 V_{rsA} 表示系统单元突发故障时的脆弱性，V_{dsA} 表示随机渐发故障时的脆弱性，V_{bsA} 表示蓄意渐发故障时的脆弱性，则系统的功能脆弱性 $V_{\mathrm{sA}}=(V_{\mathrm{rsA}}+V_{\mathrm{dsA}}+V_{\mathrm{bsA}})/3$。基于式(7.5)计算得到发动机装配系统复杂网络的功能脆弱性结果，如表 7.2 所示，综合得到系统的功能脆弱性为 0.4360。从表 7.2 也可以看出，系统随机渐发故障时的脆弱性明显比蓄意渐发故障时的脆弱性大，即蓄意渐发故障对系统的危害较大，因此系统安全防护的重点是防止重要节点受到蓄意破坏。

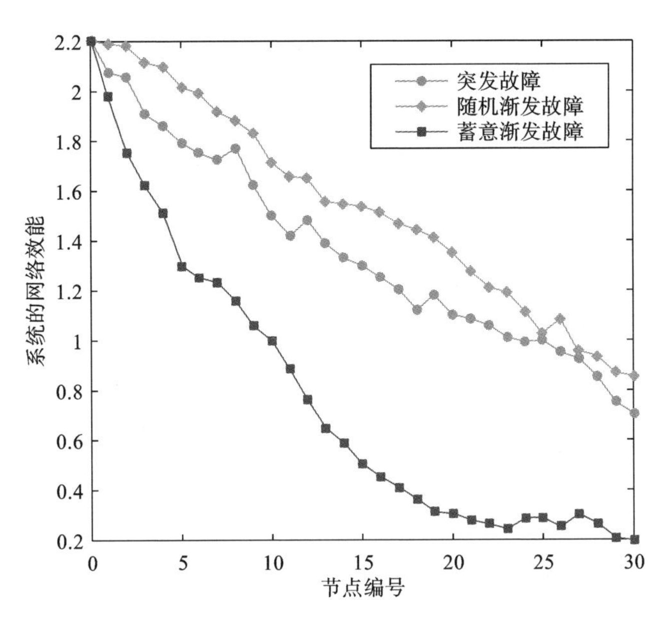

图 7.10　无业务时制造系统功能脆弱性仿真结果

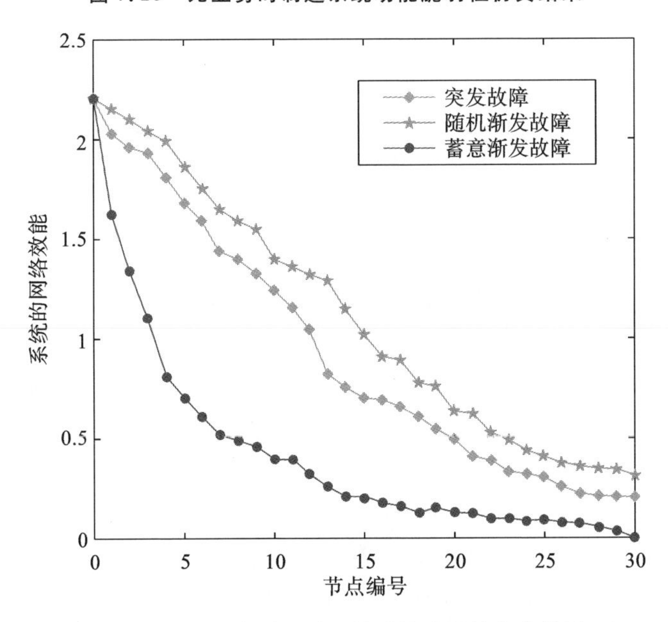

图 7.11　有业务时制造系统功能脆弱性仿真结果

表 7.2　发动机装配系统复杂网络的功能脆弱性结果

脆弱性	无业务	有业务	综合值
V_{rsA}	0.6739	0.3831	0.5285
V_{dsA}	0.6886	0.3932	0.5409
V_{bsA}	0.2784	0.1985	0.2385

4）发动机装配系统脆弱性综合评价

在发动机装配系统脆弱性综合评价时，结构脆弱性和功能脆弱性同样重要，取$\alpha=\beta$。

在发动机装配系统复杂网络中，可利用式(7.6)计算得到系统的拓扑结构脆弱性为0.593，功能脆弱性为0.4360，综合得到装配系统的整体脆弱性为0.5145。

5）基于脆弱性分析的发动机装配系统安全预防

(1) 发动机装配系统复杂网络的功能脆弱性数值较小，说明制造单元发生功能性故障时更容易毁坏，在系统的安全防护时，要注意防止一些重要单元发生的功能性故障。

(2) 节点的重要度越大，其拓扑结构脆弱性越大，结构越脆弱，越容易发生故障。在安全性预防和维护时要降低节点拓扑结构脆弱性，可以通过减少不同工位之间一些不必要的连接、消除冗余操作等降低节点的度中心性、紧密度中心性等。

(3) 功能脆弱性与节点业务分布有关，业务量大的节点发生故障时更容易导致系统崩溃，在系统安全防护时必须重点保护。同时，对于业务繁忙的节点，可以进行业务分解，平衡节点间的业务，以提升网络传输性能，加强系统的安全性，减少事故发生。

(4) 系统脆弱性是系统的固有属性，拓扑结构脆弱性反映了系统内部拓扑结构的易毁性，而功能脆弱性反映了系统不同节点单元间的易发故障性，两者的侧重点不同，但它们互为补充，综合分析有利于对系统进行全面的脆弱性分析和安全预防。

7.4 小　结

本章在将混流制造系统的脆弱性分为拓扑结构脆弱性和功能脆弱性两个维度的基础上，提出了一种基于网络结构-功能分析的制造系统脆弱性综合分析评估方法，并以其发动机装配系统为例，分析了发动机装配系统的结构脆弱性和功能脆弱性，并给出了相应的系统安全防护策略，得出以下结论。

(1) 混流制造系统的脆弱性包括网络拓扑结构脆弱性和功能脆弱性，拓扑结构脆弱性反映了系统的结构抗毁性，功能脆弱性表明系统的易发故障性。

(2) 从拓扑结构的角度看，混流制造系统的节点重要度越高，这些节点发生故障后对系统的性能影响越大，在安全防护中要重点关注，做好有效的预防措施。

(3) 混流制造系统的功能脆弱性与故障节点的业务状态有关，业务繁重的节点发生故障时系统表现得更加脆弱，蓄意渐发故障时的脆弱性明显比随机渐发故障时的要小，即系统受到蓄意渐发故障的危害性更大。

参考文献

[1] DENG Y, MAHADEVAN S, ZHOU D. Vulnerability assessment of physical protection systems: A bio-inspired approach [J]. International Journal of Unconventional Computing,2015.

[2] BAKER G. A Vulnerability assessment methodology for critical infrastructure sites[C]//DHS Symposium:R&D Partnerships in Homeland Security. 2005.

[3] BARABASI A L, ALBERT R. Emergence of scaling in random networks [J]. Science,1999,286(5349):509-512.

[4] FUCHS S, BIRKMANN J, GLADE T. Vulnerability assessment in natural hazard and risk analysis: current approaches and future challenges [J]. Natural Hazards,2012,64:1969-1975.

[5] 张旺勋,李群,王维平. 体系安全性问题的特征、形式及本质分析[J]. 中国安全科学学报,2014,24(9):88-94.

[6] 杨洪路,刘海燕. 计算机脆弱性分类的研究[J]. 计算机工程与设计,2004,25(7):1143-1145.

[7] 韩刚,袁家冬,李恪旭. 兰州市城市脆弱性研究[J]. 干旱区资源与环境,2016,30(11):70-76.

[8] 石勇,许世远,石纯,等. 自然灾害脆弱性研究进展[J]. 自然灾害学报,2011,20(2):131-137.

[9] 都莎莎,王红旗,刘姝媛. 北方典型岩溶地下水脆弱性评价方法研究[J]. 环境科学与技术,2014,37(S1):471-475.

[10] 靳冰洁,张步涵,姚建国,等. 基于信息熵的大型电力系统元件脆弱性评估[J]. 电力系统自动化,2015,39(5):61-68.

[11] YU X, SINGH C. A practical approach for integrated power system vulnerability analysis with protection failures[J]. IEEE Transactions on Power Systems,2004,19(4):1811-1820.

[12] GEDIK R, MEDAL H, RAINWATER C, et al. Vulnerability assessment and re-routing of freight trains under disruptions: A coal supply chain network application [J]. Transportation Research Part E: Logistics & Transportation Review,2014,71(3):45-57.

[13] ALBINO V, GARAVELLI A C. A methodology for the vulnerability analysis of just-in-time production systems[J]. International Journal of Production Economics. 1995,41(1-3):71-80.

[14] NOF SY, MOREL G, MONOSTORI L, et al. From plant and logistics

control to multi-enterprise collaboration[J]. Annual Reviews in Control, 2006,30(1):55-68.

[15] CHEMINOD M,BERTOLOTTI I C,DURANTE L,et al. On the analysis of vulnerability chains in industrial networks [C]//Proceedings of international workshop on factory communication systems. Torino:IEEE, 2008:215-224.

[16] KÓCZA G,BOSSCHE A. Application of the integrated reliability analysis system (IRAS)[J]. Reliability Engineering & System Safety. 1999,64(1): 99-107.

[17] 柳剑,张根保,李冬英,等.基于脆性理论的多状态制造系统可靠性分析[J].计算机集成制造系统,2014,20(1):155-164.

第 3 部分　脆弱性的应用

第8章 基于脆弱性的混流制造设备故障智能诊断与维护

【核心内容】

制造设备故障智能诊断与维护是保障混流制造系统安全运行的重要手段。为准确地诊断制造设备的健康状态、识别设备故障的关键因素、建立高效的健康维护系统，本章提出基于脆弱性的设备故障智能诊断与维护方法。

(1) 将脆弱性的设备故障智能诊断与维修决策模块嵌入到设备的 PCS (process control system)中，基于系统脆弱性的定义和性能劣化理论建立设备脆弱性评估模型，实时判断设备的脆弱状态。

(2) 利用非线性核映射方法实时监测制造设备的运行参数是否超出预设边界，建立设备参数的高斯核函数模型可以准确识别故障的关键因素。

(3) 将设备的脆弱性状态与维修模式相结合，建立维修决策模型，避免维修过度和维修不足。

(4) 以某机器人的伺服系统为例，证实所提方法能提高故障诊断效率、智能化诊断故障因素、优化设备维修决策。

8.1 引　　言

制造设备集机、电、液于一体，功能复杂，其故障诊断需要监测各种非平稳信号，这些具有非线性、耦合特征的信号相互干扰，难以掌握它们准确的幅值、频率，使得描述设备故障发生机理的数学模型建立困难。因此，为了解决混流制造设备故障诊断中的超大样本、非线性、耦合、多维复杂数据等问题，结合传统故障诊断方法，引入复杂网络、多源信息融合、专家系统、支持向量机、粒子滤波等智能技术进行设备故障智能诊断。

现有的设备故障智能诊断一般采用智能传感器和智能监控技术，这些技术可以对设备的性能进行数据采集、分析、评估和预测，并将数据发送给学习系统。这种数据随时间变化而变化，数据长度一般很长，一致性很差。为此，在线学习算法被用来训练这种耗时较长、精度较低而且代价高昂的大规模样本数据。其中，OSVM、OISVM、OSVC 等支持向量机算法是常见的在线学习算法，它们能以较低的代价对大规模数据进行在线训练，耗时短而且精度高，被广泛运用到多个领域。

同时，在混流制造设备故障诊断与维护中，监测的性能数据(加工中心主轴转速、液压油温度、伺服系统各种性能参数等)以张量的形式表示。但在实际应用中，机器学习算法输入方式为矢量模式，需要将张量数据矢量化，而高维张量数据在转化为低维数据过程中会破坏数据之间的相关性、损坏数据之间的结构信息。因此，支持向量机算法通过引入核函数解决高维空间中的内积运算，利用数据的结构信息，将基于矢量的分类模型推广到张量模式，计算量和存储空间会大幅度减少。但是制造设备的性能数据存在强相关、非线性特征，用常用的核函数所定义的超椭球硬边界判断异常数据的方法会造成大量数据误判。本章基于设备实时状态的系统故障诊断技术，在支持向量机算法的学习框架中引入非线性核映射方法，将张量样本映射到高维的 Hilbert 空间，研究基于数据驱动的设备脆弱状态实时判断和设备异常因素识别方法，并利用某机器人伺服系统进行智能化故障诊断与维护验证。

8.2 设备智能诊断与维护系统架构

传统设备管理模式通过集中规划的方式来优化维修资源，最大化地利用维修资源，但对于设备状态的动态变化缺乏应变能力。基于信息物理系统(cyber-physical systems，CPS)的设备网络根据设备状态(正常、高危状态、故障等)动态匹配维护策略，实现设备故障诊断与智能维护的分散型增强控制。基于制造设备的特点和 MES 系统现有的功能，提出了基于脆弱性的设备故障智能诊断与维护系统架构，如图 8.1 所示。

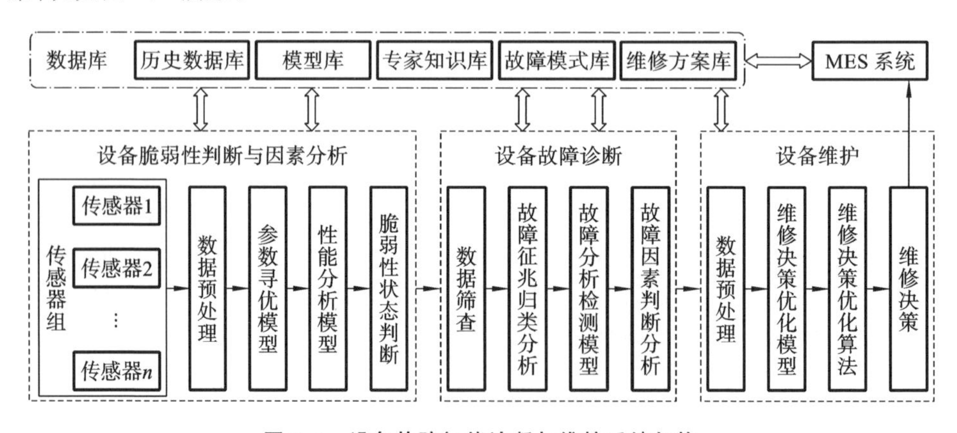

图 8.1 设备故障智能诊断与维护系统架构

基于脆弱性的设备故障智能诊断与维护系统架构在 PCS 中嵌入设备诊断与维护模块，由 MES 系统负责执行优化后的维修决策和相关的数据库管理。系统包括三大部分，即设备脆弱性判断与因素分析、设备故障诊断和设备维护，它们作为一个模块被嵌入到关键设备的 PCS 中，将设备的性能参数与采集到的性能指标实时传输到 CPS,故障诊断与维护模块根据子模块的相关要求提取相应数据,利用模型提取信号特征,判断设备的脆弱状态、诊断设备的故障类型、识别故障因素,并结合脆弱性特征和资源约束制定合适的维修决策,对设备进行预防性维护,防止故障扩散。

8.3　基于脆弱性的设备故障智能诊断与维护模型

现有的设备故障诊断与维护方式无法实现非线性、多变量、强相关情况下设备故障在线诊断与实时监控。因此,需要建立设备故障实时监测与动态维护策略优化模型,并将模型加载到各工序的 CPS 模块中,实现设备故障动态诊断,以确保系统安全。基于脆弱性的设备故障智能诊断与维护模型主要由设备异常监测、设备故障诊断和维修决策优化 3 个模块构成,如图 8.2 所示。

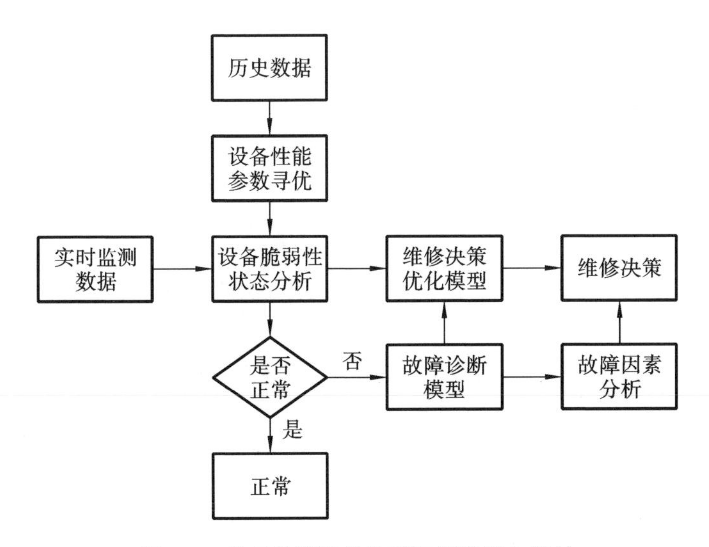

图 8.2　基于脆弱性的故障智能诊断与维护

8.3.1　基于脆弱性的设备异常监测方法

采用脆弱性评估方法判断制造设备的异常状态,假设制造设备的脆弱性为 V,当 V 的取值处于[0,0.4)、[0.4,0.5)、[0.5,0.65)、[0.65,0.8)、[0.8,1]等不同区间时,令制造设备的状态分别为“正常”“低脆弱度”“中脆弱度”“高脆弱度”“故障”,并用状态集 S 表示,$S=\{1,2,3,4,5\}$,则在任意时刻设备必然处于其中的一个状态,因此状态集 S 是一个连续马尔科夫过程,其状态间的变化存在跳跃过程和连续转移过程,如图 8.3 所示。

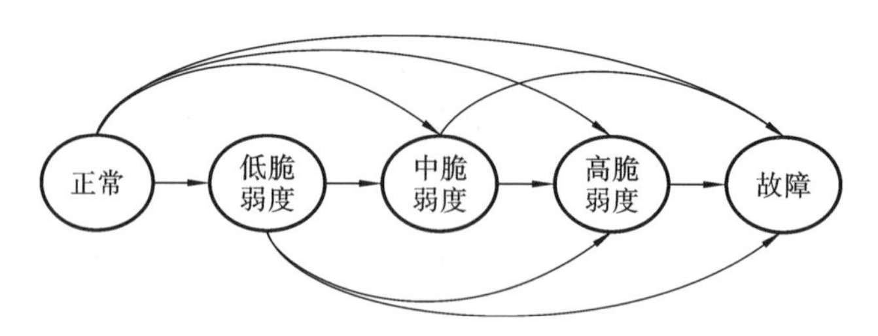

图 8.3 设备状态转移图

能判断设备异常状态并能及时进行预防性维护是保障设备正常运行的关键。根据设备劣化理论和其状态转移图可知，制造设备性能劣化服从 Gauss-Poisson 过程，假设设备性能在 Δt 时间内的劣化量为 $\phi(\Delta t)$，其中性能连续劣化过程的变化用 $X(\Delta t)$ 表示，跳跃过程的劣化用 $\alpha Y(\Delta t)$ 表示，则劣化量的计算如式(8.1)所示。

$$\phi(\Delta t) = X(\Delta t) + \alpha Y(\Delta t) \tag{8.1}$$

式中，$X(\Delta t)$ 服从位置参数为 μ，尺度参数为 σ 的 Gauss 分布，即 $X(\Delta t) \sim N(\mu, \sigma^2)$；$\alpha$ 为突变量 $\alpha Y(\Delta t)$ 的平均值；$Y(\Delta t)$ 服从参数为 γ 的 Poisson 分布，即 $Y(\Delta t) \sim \text{Poisson}(\gamma)$。

假设设备开始运行时其正常的性能值为 $\phi(0)$，运行时间 t 后，其性能值劣化为 $F(t)$，如式(8.2)所示。

$$F(t) = \phi(0) - \phi(t) \tag{8.2}$$

脆弱性指系统遭受外界干扰和破坏后的系统性能损失程度，可用式(8.3)计算。

$$V(S,F) = 1 - \frac{\phi(F)}{\phi(S)} \tag{8.3}$$

式中，$\phi(F)$ 为系统受干扰后的性能损失；$\phi(S)$ 为系统正常状态下的性能值。

制造设备在 t 时刻的脆弱性如式(8.4)所示。

$$V(t) = 1 - \frac{F(t)}{\phi(0)} = \frac{C(t)}{\phi(0)} \tag{8.4}$$

令 $\phi(0)=1$，则设备在 t 时刻的脆弱性如式(8.5)所示。

$$V(t) = \sum_{\Delta t=0}^{t} \phi(\Delta t) = \sum_{\Delta t=0}^{t} (X(\Delta t) + \alpha Y(\Delta t)) \tag{8.5}$$

由式(8.5)可知，只要知道性能劣化参数即可判断设备在 t 时刻的脆弱程度，则设备的性能劣化参数可以通过设备的样本数据估计得到，如式(8.6)～式(8.9)所示。

$$\hat{\mu} = E_1 - \frac{E_3^3}{(E_4 - 3E_2^2)^2} \tag{8.6}$$

$$\hat{\sigma} = \sqrt{E_2 - \frac{E_3^2}{E_4 - 3E_2^2}} \tag{8.7}$$

$$\hat{\gamma} = \frac{E_3^4}{(E_4 - 3E_2^2)^3} \tag{8.8}$$

$$\hat{\alpha} = \frac{E_4 - 3E_2^2}{E_3^3} \tag{8.9}$$

其中 E_1, E_2, E_3, E_4 为样本数据的 1～4 阶中心矩。在实际应用时，将样本数据代入得到的性能参数作为控制限，以实时监测设备的脆弱状态。

8.3.2　基于非线性核映射的设备故障因素判定

设备故障因素判断属于类边界问题，即设备性能判断参数超过给定的边界条件时，设备性能会受到影响，设备将从正常运行状态转为脆弱状态或故障状态。确定类边界问题的方法是找出一个半径合适的超球体，使得该超球体能够将性能参数的样本集尽可能全部包含在内，但设备的各种不同性能参数存在强相关、非线性、多变量等特征，这种判断方法造成的误判比较严重。为此，本章采用非线性核映射方法来提高判断的准确性，减少误判。

对样本数据集 $\{\boldsymbol{x}_i\}$，$\boldsymbol{x}_i \in \mathbf{R}^p$，$i=1,2,\cdots,n$，$n$ 为样本个数，p 为数据的维数。建立 $\theta: \mathbf{R}^p \to \boldsymbol{F}^S$ 形式的非线性核映射，将 $\{\boldsymbol{x}_i\}$ 数据集中的数据点映射到高维空间 $\boldsymbol{F}^S$ 中，期望在 $\boldsymbol{F}^S$ 中找到一个尽可能小的超球体，并使该超球体包含尽可能多的样本点，如式(8.10)所示。

$$\min f(R, \boldsymbol{o}, \xi_i, \upsilon) = R^2 + \frac{1}{n\upsilon}\sum_{i=1}^{n}\xi_i \tag{8.10}$$

$$\text{s.t. } \|\theta(\boldsymbol{x}_i) - \boldsymbol{o}\|^2 \leqslant R^2 + \xi_i \quad \xi_i \geqslant 0, i = 1,2,\cdots,n$$

式中，R 为超球体的半径；$\boldsymbol{o}$ 为超球体的球心；$\theta(\boldsymbol{x}_i)$ 为样本数据集中的样本点 $\boldsymbol{x}_i$ 在高维空间 $\boldsymbol{F}^S$ 中的映射点；ξ_i 为引入的松弛变量；υ 为用以约束超球体大小和数据错分率的约束条件。

引入参数 $R, \boldsymbol{o}, \xi_i$ 的拉格朗日函数如式(8.11)所示。

$$L(R, \boldsymbol{o}, \xi_i) = R^2 + \frac{1}{n\upsilon}\sum_{i=1}^{n}\xi_i + \sum_{i=1}^{n}\varepsilon_i[\|\theta(\boldsymbol{x}_i) - \boldsymbol{o}\|^2 - R^2 - \xi_i] - \sum_{i=1}^{n}\beta_i\xi_i \tag{8.11}$$

式中，β_i 为拉格朗日乘子。

求 $R, \boldsymbol{o}, \xi_i$ 参数的偏导数，令偏导数等于 0，则式(8.11)可以转化为如式(8.12)所示的优化解。

$$\max \sum_{i=1}^{n}\varepsilon_i k(\boldsymbol{x}_i, \boldsymbol{x}_i) + \sum_{i=1}^{n}\sum_{j=1}^{n}\varepsilon_i\varepsilon_j k(\boldsymbol{x}_i, \boldsymbol{x}_j)$$

$$\text{s.t. } \sum_{i=1}^{n}\varepsilon_i = 1 \quad 0 \leqslant \varepsilon_i \leqslant \frac{1}{n\upsilon} \tag{8.12}$$

式中，$k(\boldsymbol{x}_i, \boldsymbol{x}_j) = \exp\left(\frac{-\|\boldsymbol{x}_i - \boldsymbol{x}_j\|^2}{2\sigma^2}\right)$。

解式(8.12)可得到 ε_i 值，若 $\varepsilon_i=0$ 意味着数据集中的所有数据点均在超球体内；$\varepsilon_i=\frac{1}{nv}$ 意味着所有数据点在超球体外，$0<\varepsilon_i<\frac{1}{nv}$ 表示数据集中的数据点位于超球体的球面上。因此，确定超球体的 R 和 $\boldsymbol{o}$ 的数值是关键，其中 R 的数学表达如式(8.13)所示。

$$\begin{aligned} \boldsymbol{o} &= \sum_{i=1}^{n}\varepsilon_i\theta(\boldsymbol{x}_i) \\ R^2 &= \|\theta(\boldsymbol{x}_k)-\boldsymbol{o}\|^2 \\ &= k(\boldsymbol{x}_k,\boldsymbol{x}_k)-2\sum_{i=1}^{n}\varepsilon_i k(\boldsymbol{x}_k,\boldsymbol{x}_i)+\sum_{i=1}^{n}\sum_{j=1}^{n}\varepsilon_i\varepsilon_j k(\boldsymbol{x}_i,\boldsymbol{x}_j) \end{aligned} \tag{8.13}$$

式中，$\theta(\boldsymbol{x}_k)$ 表示位于超球体表面上的样本数据点。

在进行设备故障诊断时，超球体的半径 R 作为判断故障因素的控制限，当监测到的设备数据点到球心 $\boldsymbol{o}$ 的距离 D_{new} 小于 R 时，则认为所监测的设备数据处于性能安全区域内，设备工作正常；D_{new} 大于 R 则说明设备的性能参数超过了预定界限，设备存在故障风险或已发生故障。数据点到球心 $\boldsymbol{o}$ 的距离 D_{new} 计算如式(8.14)所示。

$$\begin{aligned} D_{\text{new}}^2(x_{\text{new}}) &= \|\theta(\boldsymbol{x}_{\text{new}})-\boldsymbol{o}\|^2 \\ &= 1-2\sum_{i=1}^{n}\varepsilon_i k(\boldsymbol{x}_{\text{new}},\boldsymbol{x}_i)+\sum_{i=1}^{n}\sum_{j=1}^{n}\varepsilon_i\varepsilon_j k(\boldsymbol{x}_i,\boldsymbol{x}_j) \end{aligned} \tag{8.14}$$

8.3.3 设备脆弱性因素筛查

建立设备脆弱性因素筛查模型的目的是从监测的设备参数中找出导致设备故障的主要因素，即计算监测的设备性能参数对(8.14)式中 D_{new}^2 的影响值，影响值越大表明该参数偏离正常值越大，越有可能导致设备故障。

由式(8.14)的构成情况可知，$\sum_{i=1}^{n}\sum_{j=1}^{n}\varepsilon_i\varepsilon_j k(\boldsymbol{x}_i,\boldsymbol{x}_j)$ 部分由样本集$\{\boldsymbol{x}_i\}$决定，样本集确定后，其值为常数，因此式(8.14)的值主要受 $\sum_{i=1}^{n}\varepsilon_i k(\boldsymbol{x}_{\text{new}},\boldsymbol{x}_i)$ 影响。

对于高斯核函数，有 $k(\boldsymbol{x}_i,\boldsymbol{x}_j)=\exp\left(\frac{-\|\boldsymbol{x}_i-\boldsymbol{x}_j\|^2}{2\sigma^2}\right)$，如式(8.15)所示。

$$\sum_{i=1}^{n}\alpha_i k(\boldsymbol{x}_{\text{new}},\boldsymbol{x}_i)=\sum_{i=1}^{n}\alpha_i\exp\left(\frac{-\|\boldsymbol{x}_{\text{new}}-\boldsymbol{x}_i\|^2}{2\sigma^2}\right) \tag{8.15}$$

由此可知，影响 D_{new} 值的关键因素是 $\|\boldsymbol{x}_{\text{new}}-\boldsymbol{x}_i\|$，即 D 值的变化取决于式(8.16)。

$$\sum_{i=1}^{n}\varepsilon_i\|\boldsymbol{x}_{\text{new}}-\boldsymbol{x}_i\|^2=\sum_{j=1}^{p}\sum_{i=1}^{n}\varepsilon_i(\boldsymbol{x}_j^{\text{new}}-\boldsymbol{x}_i)^2 \tag{8.16}$$

定义设备性能参数中的第 j 个变量对脆弱性的影响值为 $\text{contr}\boldsymbol{x}_j^{\text{new}}$，如式(8.17)所示。

$$\mathrm{contr}\boldsymbol{x}_j^{\mathrm{new}} = \sum_{i=1}^{n} \varepsilon_i (\boldsymbol{x}_j^{\mathrm{new}} - \boldsymbol{x}_i)^2 \tag{8.17}$$

由此可知，在进行故障诊断与脆弱性因素识别时，必须尽量找出对设备造成最大伤害的因素，并尽可能消除引起这些参数变化的原因。由于各种设备参数的量纲不同，因此计算贡献率时需要对其进行标准化处理，如式(8.18)所示。

$$\mathrm{contr}\boldsymbol{x}_j^{\mathrm{new}} = \sum_{i=1}^{n} \varepsilon_i (\boldsymbol{x}_j^{\mathrm{new}} - \boldsymbol{x}_i)^2 / S_i \tag{8.18}$$

式中，S_i 为设备样本数据中变量 i 的方差。

8.3.4 基于脆弱状态的维修决策模型

不同设备脆弱性状态采取的不同维修方式：对于低脆弱度的设备，只需采取小修策略；对于中脆弱度设备，采取小修或状态维修；对于高脆弱度设备，根据设备脆弱性影响因素进行小修、状态维修或者大修；对于故障的设备，则根据故障原因采取状态维修或大修策略。设备状态与对应的维修方式如图 8.4 所示。

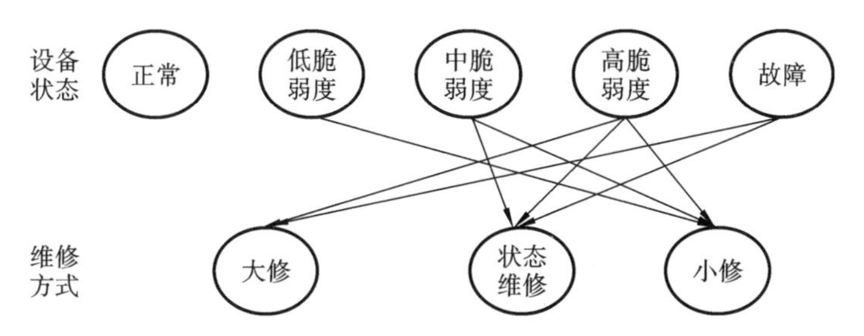

图 8.4　设备状态与对应的维修方式

不同维修方式的维修费用区别较大，为精确反映维修费用，特设置以下几种费用项目。

(1) 停工费：设备故障导致系统停产的损失，由正常情况下设备单位时间的生产效益与停工时间相乘得到，用 $C_\mathrm{F}(z,r,T_r)$ 表示设备采用维修方式 r 造成的损失。如正常生产时单位时间的生产效益为 C_w，维护周期为 T_r，则 $C_\mathrm{F}(z,r,T_r)=C_\mathrm{w}\times T_r$。

(2) 维修费：设备在脆弱状态 z 时，采用维修方式 r 产生的直接费用，记为$C_\mathrm{M}(z,r)$。

(3) 检测费：检测设备性能，判断设备状态产生的费用，该费用跟设备状态有关，在不同状态下其费用不同，因此记为 $C_\mathrm{T}(z)$。

(4) 更换费 C_C：设备故障，更换新设备的费用，令设备成本为 C_E，设备只有在高脆弱性或故障状态下才会采取大修策略，因此更换费 $C_\mathrm{C}=P(R,z,3)\times C_\mathrm{E}(z=4,5)$，$P(R,z,3)$为设备处于状态 z 时采用大修的概率。

(5) 风险成本 $C_\mathrm{R}(z,r,T_r)$：设备在脆弱状态 z 时，采用维修方式 r 时的维修周

期 T_r 内产生的风险成本。

根据上述各种费用数据，计算综合成本最小的一组维修决策即为最优维修决策，具体的决策过程可以采用 Bellman 迭代公式进行，如式(8.19)所示。

$$B_N(m)=\mathrm{opt}\{C_N(m,\mu_N(m))\odot\times B_{N-1}(\mu_N(m))\} \tag{8.19}$$

式中，m 是第 m 阶段的状态变量；μ_N 是决策变量，维修决策模型中的决策变量是脆弱状态 i、维护方式 r 和维护时间 T_r；$B_{N-1}(\mu_N(m))$ 为迭代 $N-1$ 步的最小总费用；$C_N(m,\mu_N(m))$ 是维护的总费用，其计算式如式(8.20)所示。

$$C_N(m,\mu_N(m))=C_F(m,r,T_r)+C_M(m,r)+C_T(m)+C_C+C_R(m,r,T_r) \tag{8.20}$$

根据 Bellman 迭代过程，以设备的总寿命周期作为迭代终止条件，以总的维修费用最低为优化目标，求出达到优化目标的最佳维修策略。

8.4 应用实例

为了验证所提方法的有效性，选用如图 8.5 所示的某制造系统中机器人的伺服系统进行故障检测模拟与维修决策。从加工中心上采集伺服系统生产过程的各种性能监测参数，包括伺服系统的常规检测、精度控制、响应控制和其他方面的性能参数，如表 8.1 所示。假设机器人伺服系统的性能劣化过程的 Gauss-Poisson 分布的参数分别为 $\hat{\mu}=0.08843$，$\hat{\sigma}=0.06579$，$\hat{\gamma}=0.06274$，$\hat{\alpha}=0.68728$。

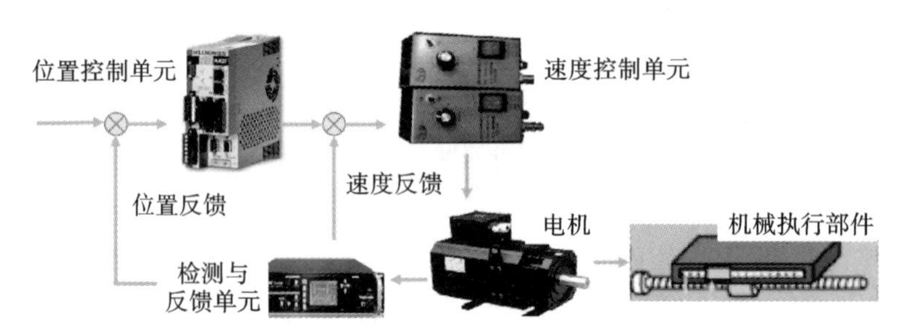

图 8.5 某制造系统中机器人的伺服系统

表 8.1 主要性能参数指标统计值

监测参数		最大值	最小值	平均值	备注
常规检测	温升/℃	68.9	25.3	40	电机的温度与环境温度之差
	正反转速差/(%)	6.3	−3.6	1.2	1000 转后正反转速差一般在 5%
	连续堵转时间/s	3.52	1.86	2.27	额定转矩下的连续堵转时间不能超过 5 s
	峰值堵转/(%)	269	163	200	峰值堵转一般是 200%扭矩

续表

	监测参数	最大值	最小值	平均值	备注
常规检测	反电动势常数/[V/(kr·min^{-1})]	12.32	7.54	10	反电动势常数=反电动势/电机转速
	电气时间常数/ms	3.56	3.08	3.3	电器的滤波时间、电磁惯性延时时间
	机电时间常数/ms	9.24	6.59	8.6	空载时伺服电机从 0 到达额定速度 63%的时间
	热时间常数/min	150	10	38	在额定负载下由冷态到热稳定的时间常数
	电流过载倍数	1.96	1.36	1.7	容许负荷过载的参数
精度控制	转速波动率/(%)	6	0	3	电机转差率,额定运行时在 1%~5%
	转矩波动率/(%)	26%	0	1.50%	扭矩的波动
	转速调整率/(%)	8.6	2.9	5	空载转速与额定转速的差值占额定转速的百分比
	位置跟踪误差/μm	0.258	−0.234	0.016	系统中的坐标与实际坐标的误差标准
响应控制	转矩响应时间/ms	1.48	0.85	1	转矩环循环周期为 62.5 μs,响应时间 1 ms
	转速响应时间/ms	20	6	10	与转速有关
	频带宽度/Hz	568	536	550	为伺服机构可以追溯到的最高弦波命令频率,A+的速度响应频宽是 550 Hz,A2 的是 1 kHz
其他	齿槽转矩/(N·m)	0.037	0.018	0.029	表示磁场能量在转子圆周上的变化,它受极槽数、槽口大小、槽口偏移角度、槽宽/槽距比等影响
	静摩擦力矩/(N·m)	0.041	0.025	0.032	启动力矩

8.4.1　设备异常点在线监测与脆弱性程度判断

监测伺服系统在工作过程中的 18 个主要性能参数,筛选采集到的数据,选择通过验证的200个数据作为样本数据集，利用式(8.13)计算设备故障诊断的性能参数控制限，即超球体半径 R。经训练后的样本数据集分布情况如图8.6所示，其中200个数据中只有1个数据位于控制限以上，即99.5%的样本数据位于控制限 $R^2=0.7869$ 以下，说明所监测的设备参数变化处于可控范围内。

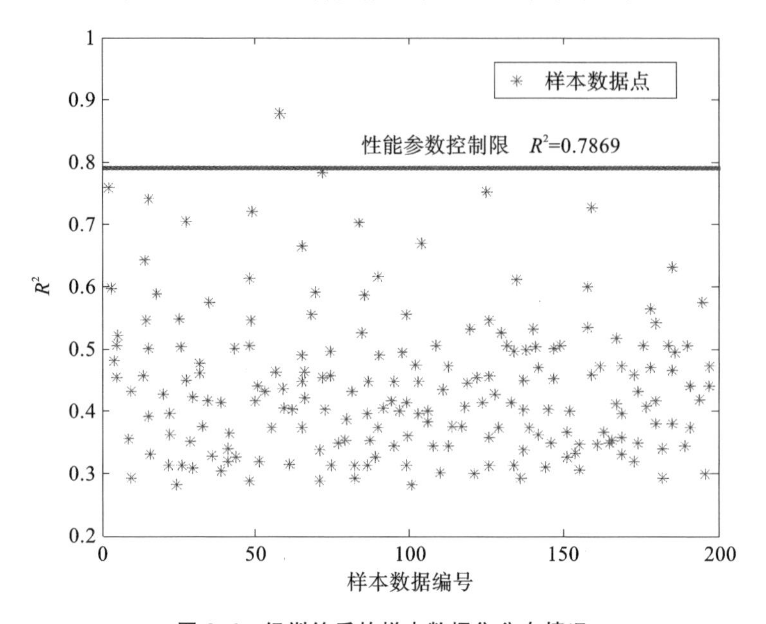

图8.6 经训练后的样本数据集分布情况

根据式(8.14)可以计算出所监测设备的性能参数数据点到超球体球心的距离，以此判断设备是否运行正常。图8.7为该伺服系统工作过程中性能参数变化的实际情况，从该图中可以看出，伺服系统的监测数据大多数位于控制限以下，但第21、34、98三个数据超出了给定的参数控制范围，表明该设备处于脆弱状态，需要进一步确认该设备的脆弱性程度。根据采集到的性能参数值，计算得到各种指标的劣化值，$\boldsymbol{G}_{常规检测}=[0.081\quad 0.055\quad 0.023\quad 0.027\quad 0.048\quad 0.021\quad 0.036\quad 0.028]$，$\boldsymbol{G}_{精度控制}=[0.095\quad 0.089\quad 0.074\quad 0.034]$，$\boldsymbol{G}_{响应控制}=[0.050\quad 0.032\quad 0.024]$，$\boldsymbol{G}_{其他}=[0.017\quad 0.029]$，代入式(8.4)，计算得到伺服系统在该检测时刻的脆弱性值 $V(t)=0.705$，即系统处于中脆弱度。

8.4.2 设备故障因素在线诊断

为了诊断设备异常因素，可通过式(8.18)来计算分析各性能参数变量对设备异常的贡献率。由于异常点34的 R^2 值为0.8026，偏离正常值0.7869的范围很小，因此不分析其具体异常的原因。图8.8和图8.9分别给出了异常点21和98中各参数的贡献。

从图8.8可以看出，异常点21的性能异常参数贡献率中转速波动率的贡献率最大，其次为转矩波动率和转速调整率。对比研究后发现，样本点的转速波动率为

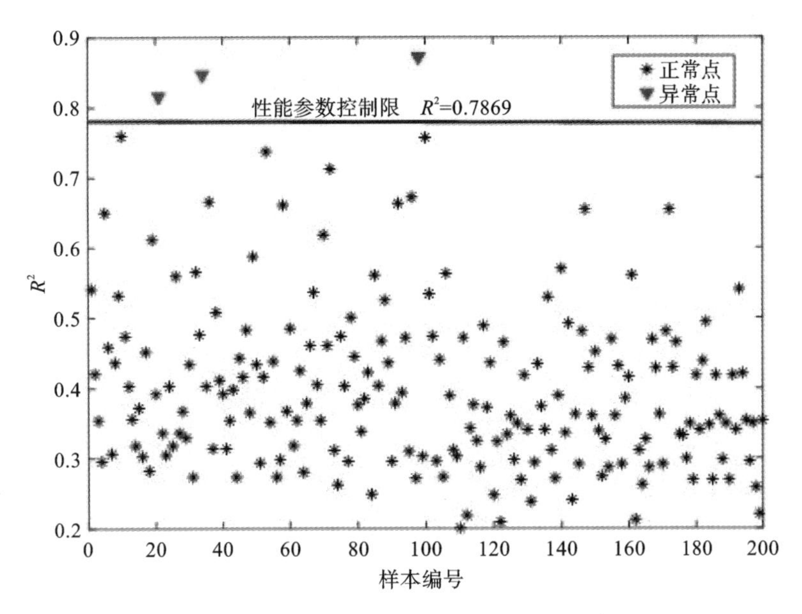

图 8.7　工作过程中性能参数变化的实际情况

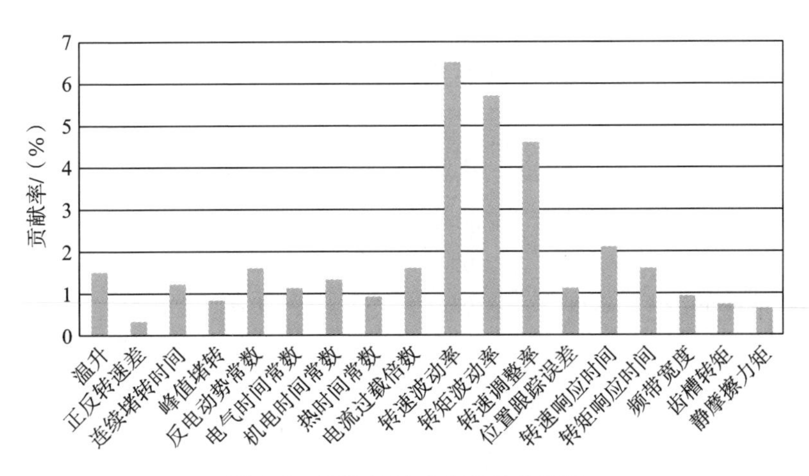

图 8.8　异常点 21 中各参数的贡献

8%，超过历史样本数据中的最大值 6%，此外，转矩波动率为 28%，同样超过了历史最高值 26%。在故障诊断时，可以对影响转速波动的切换时间、切换速度和负载转矩等因素进行深入分析。而转矩波动过大则可能与齿槽效应、转子磁极励磁磁场引起的谐波磁场等因素有关。

从图 8.9 可以看出，异常点 98 性能异常参数贡献率中位置跟踪误差的贡献率最大，其次是温升。进一步研究发现，该测试点样本数据中位置跟踪误差为 0.469 μm，远远大于历史样本集中的最大值。温升达到 90 ℃，也超过了样本数据中的最高温度。这些监测数据的累积造成设备性能偏离了控制范围。因此，该样本点的电机性能处于高脆弱性状态，电机随时可能发生故障。过高的位置跟踪误差会导致设备定位不准确，影响设备正常工作。同时，温升太高也说明电机存在隐患，必须立即停机检查，其主要原因可能与内在的铁损、相间短路、风扇损坏、风道阻塞等有关，也可能与外在的负载过重、电路压降过大、机械配合不当等有关。

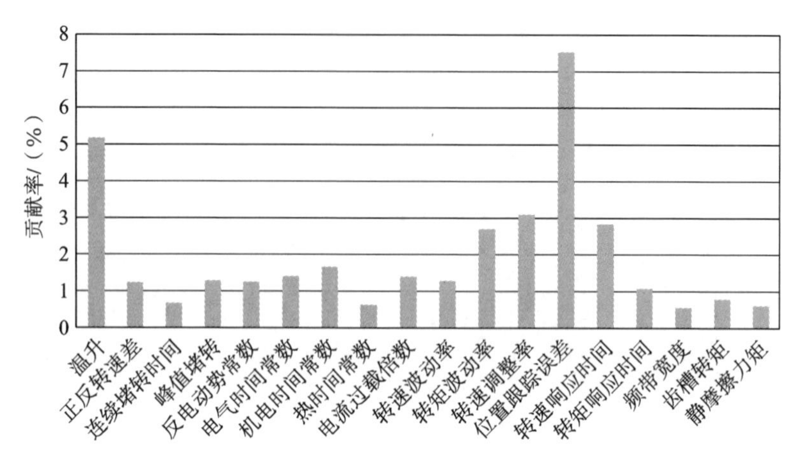

图 8.9 异常点 98 中各参数的贡献

8.4.3 维修决策的在线优化

根据设备的状态转移过程和 Gauss-Poisson 分布的参数，利用马尔科夫转移方程，求得各状态之间的转移概率矩阵如下。

$$\text{小修条件下：}\boldsymbol{P}(1,z,l)=\begin{bmatrix}0.3683 & 0.5997 & 0.0282 & 0.0025 & 0.0013\\ 0 & 0.6653 & 0.3154 & 0.0128 & 0.0065\\ 0 & 0 & 0.8442 & 0.1497 & 0.0061\\ 0 & 0 & 0 & 0.8873 & 0.1127\\ 0 & 0 & 0 & 0 & 1\end{bmatrix}$$

$$\text{状态维修：}\boldsymbol{P}(2,z,l)=\begin{bmatrix}0 & 0 & 0 & 0 & 0\\ 0.3274 & 0.6726 & 0 & 0 & 0\\ 0.2524 & 0.6457 & 0.1019 & 0 & 0\\ 0.2241 & 0.2778 & 0.4067 & 0.0914 & 0\\ 0.1572 & 0.2798 & 0.2115 & 0.3514 & 1\end{bmatrix}$$

$$\text{大修：}\boldsymbol{P}(3,z,l)=\begin{bmatrix}1 & 0 & 0 & 0 & 0\\ 1 & 0 & 0 & 0 & 0\\ 1 & 0 & 0 & 0 & 0\\ 1 & 0 & 0 & 0 & 0\\ 1 & 0 & 0 & 0 & 1\end{bmatrix}$$

设备更换的成本包括设备的购买、安装和调试等，以此作为大修的费用，此案例中的伺服系统安装调试费用为 68000 元，状态维修的费用为总投资费用的 10%，检验、测试以及人工、材料等费用为 2000 元/次，并令设备的停机损失费与设备的维修方式有关，如表 8.2、表 8.3 所示。

表 8.2　伺服系统状态维修费用　　（单位：元/次）

项目	$R=1$	$R=2$	$R=3$
$S=1$	0	8800	68000
$S=2$	0	9680	68000
$S=3$	0	10562	68000
$S=4$	0	12540	68000
$S=5$	0	15680	68000

表 8.3　日常维护费用和停机损失费　　（单位：元/天）

状态	$S=1$	$S=2$	$S=3$	$S=4$	$S=5$	停机损失费
费用	1132	1416	1926	2514	7826	30956

将表 8.2、表 8.3 的数据代入式(8.19)中，得到该伺服系统的综合成本迭代公式。以伺服系统的设计寿命 10 年为迭代终止时间，以总成本最低为优化目标，可得到伺服电机各脆弱状态下单位时间综合成本的迭代变化情况，如图 8.10 所示。

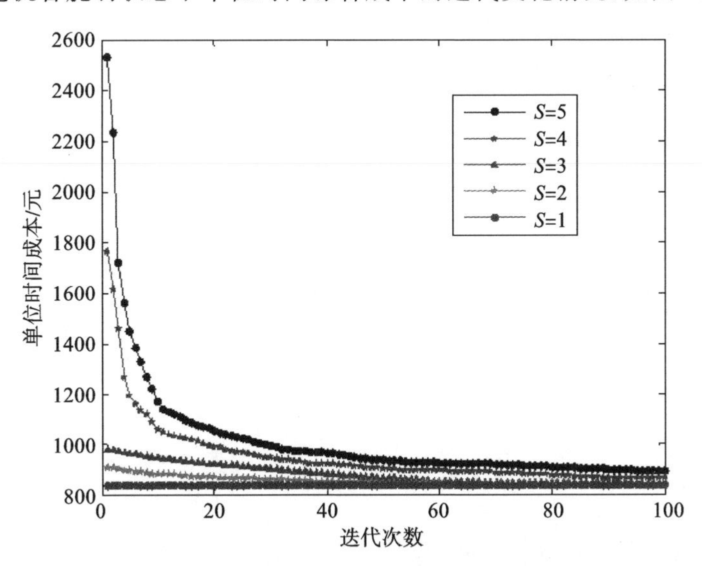

图 8.10　单位时间综合成本随迭代次数的变化趋势

从图 8.10 中可以看出，不同状态下的伺服系统的单位成本随着迭代次数的增加都呈下降趋势，并最终迭代到最小值，说明迭代的结果满足成本最小的要求。不同状态下迭代过程的最终结果即为伺服系统在服役阶段的最优单位时间成本，其对应的维修方式 r 和周期 T 即为该状态的最优维修决策方案，见表 8.4。

表 8.4　最优维修方案

状态	$S=1$	$S=2$	$S=3$	$S=4$	$S=5$
维修方式 r	1	2	2	2	3
维护周期 T	360 d	360 d	180 d	180 d	180 d

从表 8.4 可知，伺服系统处于正常或低脆弱状态时，最优维修方式为状态维修，维护周期为 360 d；伺服系统处于中等脆弱状态时，最优维修方式为预防性维修，维护周期为 180 d；在高脆弱状态和故障状态模式下，最优维修方式为状态维修，维护周期为 180 d。这个结果也说明设备状态较好时的维护力度较小，而状态较差时维护力度相对较大，可以有效地避免维修过度和维修不足的问题。

8.4.4　与多类证据体分析方法的对比

本章方法对 3 组数据的评估结果分别为中、低、高脆弱度，与系统实际的状态一致，如表 8.5 所示，其中第 21 组数据的转速波动率、转矩波动率和转速调整率三个指标劣化较严重，但其他指标相对良好，而第 98 组数据中的温升、位置跟踪误差两个指标劣化严重。用多类证据体分析方法评价时，第 21 组数据的劣化信息被掩盖，得到系统正常的结果，而第 98 组数据的劣化信息则被夸大，得到系统故障的结果，与实际情况有偏差。

表 8.5　与多类证据体分析方法对比

数据组别	本章方法 V	评估结果	多类证据体方法 $[L_1, L_2, L_3, L_4, L_5]$	评估结果
21	0.683	中脆弱度	[0.581　0.253　0.123　0.027　0.016]	正常
34	0.557	低脆弱度	[0.469　0.371　0.142　0.013　0.005]	正常
98	0.806	高脆弱度	[0.011　0.005　0.013　0.027　0.944]	故障

注：系统的五种状态（正常、低脆弱度、中脆弱度、高脆弱度、故障）在多类证据体方法中用 L_1, L_2, L_3, L_4, L_5 表示。

8.5　小　　结

本章结合制造设备故障诊断与维修的实际需求和特点，提出了在制造设备的故障诊断与维修过程中，将基于脆弱性的故障诊断与维修模块嵌入到关键设备中，实现制造设备的智能动态故障诊断与维修决策优化，主要结论如下。

(1) 通过将故障诊断与维护模块嵌入到各关键设备的 PCS 系统中，实现制造设备故障在线智能诊断。基于脆弱性的设备故障诊断与维护增强了设备性能参数和故障因素动态监控、诊断与维修决策优化的能力，采用分散增强型控制型的设备故障诊断与维修模式，实现了设备故障的及时诊断和维修决策的优化。

（2）基于脆弱性的设备故障因素判定方法的非线性核映射方法，可以有效解决设备性能参数之间的非线性、高维度、强相关等复杂情况，将设备性能参数监测的边界判断问题转化为判断数据样本点到超球体球心的距离与超球体半径 R 的大小的问题，如果其距离大于 R，则判断设备性能出现异常，设备处于脆弱状态，性能下降，有故障风险。

（3）基于性能参数异常影响值的设备故障因素判断方法可以对设备实现实时故障诊断，对于生产中的制造设备，通过监测其性能参数的实时变化情况，找出参数的异常状态，及时判断设备的脆弱状态，优化设备的维护决策。

（4）基于脆弱性的设备故障智能诊断方法，采用设备性能历史数据驱动建模方法，将设备性能退化机理模型和脆弱性评估模型嵌入到 CPS 模块中，实现设备性能状态的实时预测。设备性能的历史数据在驱动模型中起着决定性作用，因此，筛选准确、实时的性能参数数据非常关键，只有经过实际检验的历史数据才能作为判断依据。

参考文献

[1] 石瑞敏，杨兆建. 基于复杂网络优化的 DAG-SVM 在滚动轴承故障诊断中的应用[J]. 振动与冲击，2015，34(12)：1-6，34.

[2] 张明，江志农. 基于多源信息融合的往复式压缩机故障诊断方法[J]. 机械工程学报，2017，53(23)：46-52.

[3] RATNAYAKE R M C. KBE development for criticality classification of mechanical equipment：a fuzzy expert system[J]. International Journal of Disaster Risk Reduction，2014，9：84-98.

[4] 时培明，梁凯，赵娜，等. 基于深度学习特征提取和粒子群支持向量机状态识别的齿轮智能故障诊断[J]. 中国机械工程，2017，28(9)：1056-1061，1068.

[5] YIN S，ZHU X. Intelligent particle filter and its application to fault detection of nonlinear system [J]. IEEE Transactions on Industrial Electronics，2015，62(6)：3852-3861.

[6] LUO S，CHENG J，MING Z，et al. An intelligent fault diagnosis model for rotating machinery based on multi-scale higher order singular spectrum analysis and GA-VPMCD[J]. Measurement，2016，87：38-50.

[7] LUGHOFER E. On-line Active Learning：A New Paradigm to Improve Practical Useability of Data Stream Modeling Methods [J]. Information Sciences，2017，415：356-376.

[8] WANG D，QIAO H，ZHANG B，et al. Online support vector machine based

on convex hull vertices selection [J]. IEEE Transactions on Neural Networks & Learning Systems,2013,24(4):593-609.

[9] ORABONA F, CASTELLINI C, CAPUTO B, et al. On-line independent support vector machines[J]. Pattern Recognition,2010,43(4):1402-1412.

[10] LAU K W, WU Q H. Online training of support vector classifier[J]. Pattern Recognition,2003,36(8):1913-1920.

[11] MENG J, LUO G, FEI G. Lithium polymer battery state-of-charge estimation based on adaptive unscented kalman filter and support vector machine[J]. IEEE Transactions on Power Electronics, 2015, 31 (3): 2226-2238.

[12] MARTÍNEZ-MORALES J D,PALACIOS-HERNÁNDEZ E R,CAMPOS-DELGADO D U. Multiple-fault diagnosis in induction motors through support vector machine classification at variable operating conditions[J]. Electrical Engineering,2018,100:59-73.

[13] 朱大业,丁晓红,王神龙,等.基于支持向量机模型的复杂非线性系统试验不确定度评定方法[J].机械工程学报,2018,54(8):177-184.

[14] TAO D,LI X,HU W,et al. Supervised tensor learning[J]. Knowledge & Information Systems,2007,13(1):1-42.

[15] 雷亚国,贾峰,孔德同,等.大数据下机械智能故障诊断的机遇与挑战[J].机械工程学报,2018,54(5),94-104.

[16] 高贵兵,岳文辉,张人龙.基于状态熵的制造系统结构脆弱性评估方法[J].计算机集成制造系统,2017,23(10):2211-2220.

[17] NA D, HAENGGI M. The benefits of hybrid caching in Gauss-Poisson D2D networks[J]. IEEE Journal on Selected Areas in Communications, 2018,36(6):1217-1230.

[18] HAO X, SUN J, ZETTL A. Canonical forms of self-adjoint boundary conditions for differential operators of order four [J]. Journal of Mathematical Analysis & Applications,2012,387(2):1176-1187.

[19] 高贵兵,岳文辉,王峰.基于CPS方法与脆弱性评估的制造系统健康状态智能诊断[J].中国机械工程,2019,30(2):212-219.

[20] SHAWE-TAYLOR J, CRISTIANINI N. Kernel methods for pattern analysis[J]. Cambridge:Cambridge University Press,2004.

[21] SUN Q,ZHOU J,ZHONG Z,et al. Gauss-Poisson joint distribution model for degradation failure[J]. IEEE Transactions on Plasma Science,2004,32(5):1864-1868.

[22] PHAM H T, YANG B S, NGUYEN T T. Machine performance

degradation assessment and remaining useful life prediction using proportional hazard model and support vector machine[J]. Mechanical Systems & Signal Processing,2012,32(4):320-330.
[23] 胡姚刚,李辉,刘海涛,等.基于多类证据体方法的风电机组健康状态评估[J].太阳能学报,2018,39(2):331-341.

第9章 基于CPS方法与脆弱性的混流制造系统健康状态智能诊断

【核心内容】

现有混流制造系统健康管理技术对CPS的应用较少，也很少有研究人员从脆弱性的角度探究系统的"病因"。根据混流制造系统的结构特征和健康管理技术原理，本章提出在关键设备上嵌入基于CPS方法与脆弱性评估的智能诊断模块，实现系统健康状态与影响因素的智能分析。

(1) 重点研究基于脆弱性的系统健康状态智能诊断、基于数据驱动的制造系统性能异常智能诊断和亚健康状态下设备异常因素智能识别。

(2) 基于CPS方法与脆弱性的混流制造系统设备健康状态智能诊断可以根据设备服役过程中的脆弱性状况判断设备的健康状态，数据驱动的设备异常因素的智能诊断可以监测设备服役过程中的性能参数变化情况，及时确定造成设备异常的关键因素。

(3) 通过柔性制造系统仿真实验，证实本章所提方法可以实时判断系统的健康状态、有效识别导致设备亚健康状态的性能参数。

9.1 前　　言

随着智能制造技术的普及和推广，混流制造系统变得更加智能与复杂。然而，随着混流制造系统的智能化发展，混流制造系统面临的风险和干扰也逐渐增多，系统的健康状态诊断与分析日益复杂，导致系统的健康管理越来越困难。

近年来，系统健康管理开始引起国内外研究人员的重视，当前系统健康预测的方法主要如下。①基于健康模型的预测方法。该方法可以对设备健康信息充分挖掘，拟定准确的模型参数，建立设备健康预测模型，描述设备性能退化过程。②基于健康知识库的预测方法。该方法通过建立全面的知识库和系统化的推理机制，准确表达专家的经验、决策和相关规则，对动态的设备健康劣化过程精确描述，但这类方法需要能处理大量知识规则运算的高效算法，典型的应用方式有专家系统和人工智能。③基于健康数据的预测方法包括回归分析法、马尔科夫方法、时间序列法和灰色关联方法。这些方法是当前系统健康预测研究中的热点,基于设备的健康数据,利用数理统计或者大数据等技术来预测设备的劣化趋势。在上述预测方法中,基于健康模型的预测方法需要精确掌握设备的劣化机理,完善设备健康模型,但模型构建困难,易产生偏差,且经济性实用性较差;基于健康知识库的预测方法则存在专家知识、规则获取困难,知识表达、建模准确性要求高等问题,导致预测结果受到知识库规模、推理规则的影响较大;基于设备健康数据的预测方法在当前大数据技术的支撑下,已成为系统健康管理的研究重点。

随着智能制造技术的快速发展,基于设备实时监控的系统健康状态预测成为设备管理的新方法。CPS 将现代控制、通信和计算机等领域的理论和技术进行深度融合,实现物理与信息世界之间的虚实互连,具有自主决策、判断和调控能力。目前,CPS 被应用在诸多领域,如航空航天、离散制造等。在智能制造领域,Michniewicz 等在装配线上用 CPS 优化产品的装配流程以提高装配质量;Monostori 等在机械零件加工制造过程中利用 CPS 自动生成零件的加工计划,实现加工设备的自主维护。Pirvu 等扩展与改进 CPS 模型,建立了基于 CPS 进行生产控制的智能工厂。Yao 等在 3D 打印技术中采用社会-信息物理系统(socio-cyber-physical system,SCPS)以实现大规模客户的个性化定制加工。在制造过程中采用 CPS,对各种生产设备嵌入传感、计算、执行、信息处理和通信单元,实现系统的自适应、自调控、自学习、自决策功能,显著提高系统的智能化水平。因此,本章将 CPS 健康管理模块嵌入到制造系统的各关键设备中,在线分析影响系统健康状态的关键因素,判断系统的健康状况。

9.2　基于 CPS 与脆弱性的混流制造系统健康管理系统架构

随着智能制造技术的普及和推广,现有 MES 设备维护管理模式发生了改变。传统的集中控制模式虽然能最大化地利用企业现有的健康维护资源,但对于系统健康状态的动态变化缺乏应变能力,对于一些潜在的安全事故难以有效地预防。基于 CPS 的系统健康管理模式具有自组织功能,可以实时监测和判断系统的健康状态,通过 CPS 自组织网络的自主控制能力实现设备健康预测。针对混流制造系统的特点和通用 MES 健康管理模块的功能,提出了基于 CPS 与脆弱性的混流制造系统健康管理系统架构,如图 9.1 所示。

基于 CPS 与脆弱性的混流制造系统健康管理系统架构由 MES 系统负责设备的脆弱性状态评估和性能指标管理,在 PCS 中嵌入设备健康管理 CPS 功能模块,PLC 负责性能参数修正指令的实施。由于各设备功能差别巨大、形态多变,为了保障系统的安全生产,需要对各设备进行动态健康预测与维护。因此,将基于 CPS

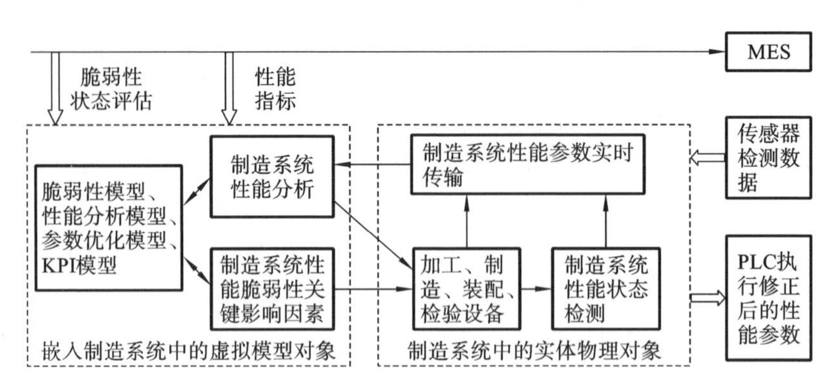

图 9.1 基于 CPS 与脆弱性的混流制造系统健康管理系统架构

的健康管理模块嵌入到设备的过程控制系统中，将设备性能参数的历史数据与性能指标集中到 CPS 中进行脆弱性评估以判断系统健康状态，防止发生脆弱性扩散与传递现象。

9.3 基于 CPS 技术的混流制造系统健康状态分析模型

现有的框架式设备健康管理方式无法解决多变量、强相关、非线性情况下设备状态的实时变化与设备性能参数的动态变化问题。因此建立动态设备健康状态实时监测与动态参数优化模型十分有必要。动态设备健康状态监测与参数优化模型主要由健康预测、异常分析、性能参数优化 3 个功能模块组成。图 9.2 给出了基于 CPS 的设备健康管理流程图。

9.3.1 基于脆弱性评估模型的设备健康状态判断方法

利用脆弱性评估模型对设备运行状态进行评估与描述，并用脆弱性值 V 表征制造设备的脆弱状态 S，V 处于[0,0.5)、[0.5,0.6)、[0.6,0.75)、[0.75,0.9)、[0.9,1]分别表示设备运行状态为“正常”“良好”“一般”“亚健康”“故障”，并分别记为 $S=1,2,3,4,5$。

定义设备的健康状态集 $S=\{1,2,3,4,5\}$ 为一个连续的马尔科夫过程，则设备在其服役期内的任意时刻必然处于上述 5 个状态中的某个状态。设备在服役过程中，随着役龄增长，如果不对性能参数进行优化和维修干预，设备的健康状态会逐渐下降。同时，由于外界干扰和破坏，设备健康状态也会发生突然下降甚至功能失效的情况，而设备在维修干预下也很难达到修复如新的效果，因此将修复后的设备健康状态定义为良好。通过上述描述可知设备健康的状态转移既有连续转移，也有跳跃式转移，如图 9.3 所示。

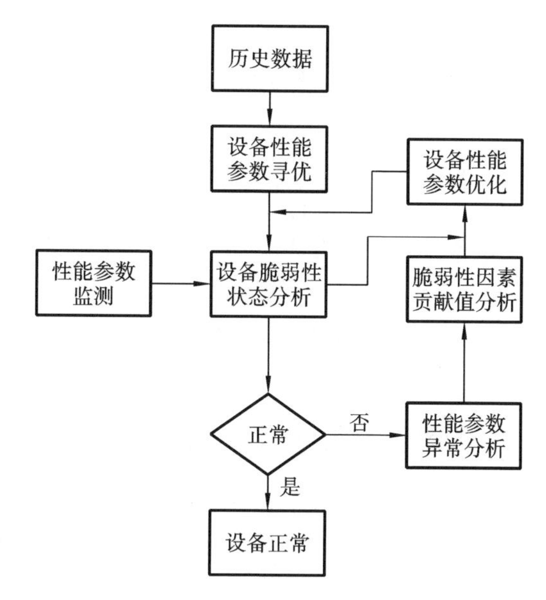

图 9.2 基于 CPS 的设备健康管理流程图

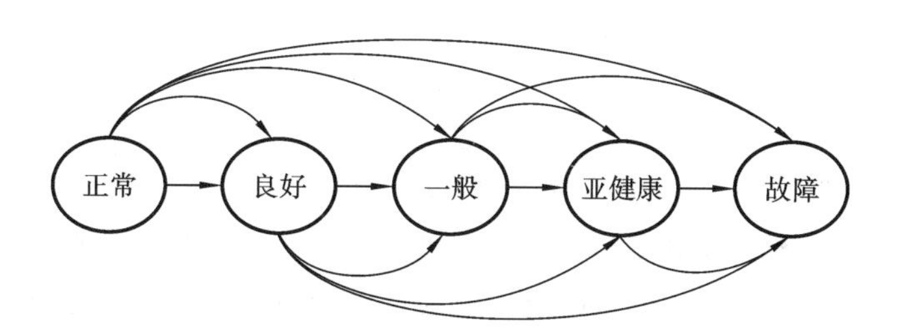

图 9.3 设备健康的状态转移

根据设备的健康状态进行提早干预和预防维修是保障设备正常运行的关键。为反映设备健康状态变化的连续性与跳跃性，定义设备在单位时间 Δt 内性能劣化量为 $C(\Delta t)$，包括连续劣化量 $X(\Delta t)$ 和跳跃的突变量 $\alpha Y(\Delta t)$。由于设备的性能劣化过程服从 Gauss-Poisson 过程，则劣化量的计算如式(9.1)所示。

$$C(\Delta t) = X(\Delta t) + \alpha Y(\Delta t) \tag{9.1}$$

式中，$X(\Delta t)$ 服从 Gauss 分布，其位置参数和尺度参数分别为 μ, σ，即 $X(\Delta t) \sim N(\mu, \sigma^2)$；$\alpha$ 为突变量的平均值；$Y(\Delta t)$ 服从参数为 γ 的 Poisson 分布，即 $Y(\Delta t) \sim \text{Poisson}(\gamma)$。

令设备正常工作时的性能值为 $\phi(t)$，经过工作时间 t 后，设备的性能值劣化为 $F(\Delta t)$，如式(9.2)所示。

$$F(\Delta t) = \phi(t) - C(t) \tag{9.2}$$

基于脆弱性的定义，系统在 t 时刻的脆弱性如式(9.3)所示。

$$V(t)=1-\frac{F(\Delta t)}{\phi(t)}=\frac{C(t)}{\phi(t)} \tag{9.3}$$

令设备的初始性能值为1,脆弱性程度为0,则经过工作时间 t 后,设备的脆弱性如式(9.4)所示。

$$V(t)=\frac{C(t)}{\phi(t)}=C(t)=\sum_{t=0}^{t}C(t)=\sum_{t=0}^{t}(X(t)+\alpha Y(t)) \tag{9.4}$$

由此可知,要判断设备处于何种健康状态,关键是性能劣化过程的参数获取。设备的性能劣化参数可以通过采集设备的历史数据得到。在实际监测过程中,把根据设备历史数据得到的参数代入脆弱性评估公式中,以计算得到的脆弱性值为控制限即可以实时监测设备的健康状态。

9.3.2 基于数据驱动的制造系统性能异常判定

在实际生产中,判断设备性能参数的变化情况即可判断设备是否健康。理论上,设备健康状态判断属于类边界问题,性能参数超过某一边界条件时即认为设备性能受到影响,导致设备健康状态发生迁移(从正常状态转为亚健康状态或故障状态)。确定这种类边界常用方法是从数据集中找出包含性能参数可控区样本集的超球体,但因为制造设备的性能参数存在强相关、多变量等特征,采用这种传统的类边界判断方法容易造成误判,为此,本章采用 Shawe-Taylor 提出的非线性核映射方法。

对任意实验数据集$\{x_i\}$,$x_i\in\mathbf{R}^p(i=1,2,\cdots,n)$,$n$ 为样本数据的个数,p 为矢量的维数。通过非线性核映射 $\phi:\mathbf{R}^p\rightarrow\boldsymbol{F}^S$ 可以将$\{x_i\}$中的样本点映射到 $\boldsymbol{F}^S$ 中,期望在高维空间 $\boldsymbol{F}^S$ 中寻求一个尽可能多包含样本点的尽可能小的超球体,如式(9.5)所示。

$$\min f(R,\boldsymbol{o},\xi_i,\upsilon)=R^2+\frac{1}{n\upsilon}\sum_{i=1}^{n}\xi_i \tag{9.5}$$

$$\text{s.t.}\ \|\phi(\boldsymbol{x}_i)-\boldsymbol{o}\|^2\leqslant R^2+\xi_i\quad \xi_i\geqslant 0,i=1,2,\cdots,n$$

式中,R,o 分别为超球体的半径和球心;$\phi(\boldsymbol{x}_i)$表示原始数据空间的样本点 $\boldsymbol{x}_i$ 在 $\boldsymbol{F}^S$ 空间中的映射点;ξ_i 为松弛变量,由于该方法会导致少量样本数据分布在超球体外部,因此引入松弛变量 ξ_i 进程惩罚;υ 为约束条件,用以对样本数据的错分率和超球体大小进行约束。

引入如式(9.6)所示 R,$\boldsymbol{o}$,ξ_i 参数的拉格朗日函数。

$$L(R,\boldsymbol{o},\xi_i)=R^2+\frac{1}{n\upsilon}\sum_{i=1}^{n}\xi_i+\sum_{i=1}^{n}\alpha_i[\|\phi(\boldsymbol{x}_i)-\boldsymbol{o}\|^2-R^2-\xi_i]-\sum_{i=1}^{n}\beta_i\xi_i \tag{9.6}$$

求三个参数 R,$\boldsymbol{o}$,ξ_i 的偏导数,并令偏导数值为0,式(9.5)转化为如式(9.7)所示的优化解。

$$\max\sum_{i=1}^{n}\alpha_i k(\boldsymbol{x}_i,\boldsymbol{x}_i)+\sum_{i=1}^{n}\sum_{j=1}^{n}\alpha_i\alpha_j k(\boldsymbol{x}_i,\boldsymbol{x}_j)$$
$$\text{s.t.}\ \sum_{i=1}^{n}\alpha_i=1\quad 0\leqslant\alpha_i\leqslant\frac{1}{nv}\tag{9.7}$$

式中，$k(\boldsymbol{x}_i,\boldsymbol{x}_j)=\exp\left(\frac{-\|\boldsymbol{x}_i-\boldsymbol{x}_j\|^2}{2\sigma^2}\right)$。

求解式(9.7)可得到三种形式的 α_i 值，$\alpha_i=0$ 表示样本数据处于超球体内；$\alpha_i=\frac{1}{nv}$ 表示样本数据处于超球体外，$0<\alpha_i<\frac{1}{nv}$ 表示样本数据处于球面上。超球体球心 $\boldsymbol{o}$ 计算如式(9.8)所示，超球体半径 R 计算如式(9.9)所示。

$$\boldsymbol{o}=\sum_{i=1}^{n}\alpha_i\phi(\boldsymbol{x}_i)\tag{9.8}$$

$$\begin{aligned}R^2&=\|\phi(\boldsymbol{x}_k)-\boldsymbol{o}\|^2\\&=k(\boldsymbol{x}_k,\boldsymbol{x}_k)-2\sum_{i=1}^{n}\alpha_i k(\boldsymbol{x}_k,\boldsymbol{x}_i)+\sum_{i=1}^{n}\sum_{j=1}^{n}\alpha_i\alpha_j k(\boldsymbol{x}_i,\boldsymbol{x}_j)\end{aligned}\tag{9.9}$$

式中，$\phi(\boldsymbol{x}_k)$为超球面上的数据点。

在实际的设备健康状态判断中，可以将超球体半径 R 作为控制限，当采集到的新数据样本点到超球体球心 $\boldsymbol{o}$ 的距离 D_{new} 小于 R 时，则认为新增样本点数据落在性能稳定区内，设备处于正常状态，反之，该样本点的性能参数可能造成设备发生状态转移，设备处于脆弱状态或故障，其中 D_{new} 的计算如式(9.10)所示。

$$\begin{aligned}D_{\text{new}}^2(\boldsymbol{x}_{\text{new}})&=\|\phi(\boldsymbol{x}_{\text{new}})-o\|^2\\&=1-2\sum_{i=1}^{n}\alpha_i k(\boldsymbol{x}_{\text{new}},\boldsymbol{x}_i)+\sum_{i=1}^{n}\sum_{j=1}^{n}\alpha_i\alpha_j k(\boldsymbol{x}_i,\boldsymbol{x}_j)\end{aligned}\tag{9.10}$$

9.3.3　亚健康状态下设备异常因素识别

当发现设备处于亚健康状态时，应及时、准确地分析哪些性能参数是造成设备健康状态下降的原因。建立设备异常因素分析模型的目的是从监测的性能参数变化中找出引起设备性能下降的主要因素，即计算每个参数对式(9.10)中 D_{new}^2 的影响值，影响值大的性能参数是造成设备偏离正常工作范围、引发设备健康度下降或故障的主要原因。

式(9.10)由三部分构成，$\sum_{i=1}^{n}\sum_{j=1}^{n}\alpha_i\alpha_j k(\boldsymbol{x}_i,\boldsymbol{x}_j)$ 部分由样本数据决定，一旦样本确定后，该部分则是一常数，因此，D_{new}^2的值主要受 $\sum_{i=1}^{n}\alpha_i k(\boldsymbol{x}_{\text{new}},\boldsymbol{x}_i)$ 部分影响。

根据高斯核函数 $k(\boldsymbol{x}_i,\boldsymbol{x}_j)=\exp\left(\frac{-\|\boldsymbol{x}_i-\boldsymbol{x}_j\|^2}{2\sigma^2}\right)$，$\sum_{i=1}^{n}\alpha_i k(\boldsymbol{x}_{\text{new}},\boldsymbol{x}_i)$ 有如式(9.11)所示变换。

$$\sum_{i=1}^{n}\alpha_i k(\boldsymbol{x}_{\text{new}},\boldsymbol{x}_i)=\sum_{i=1}^{n}\alpha_i \exp\left(\frac{-\|\boldsymbol{x}_{\text{new}}-\boldsymbol{x}_i\|^2}{2\sigma^2}\right) \tag{9.11}$$

由式(9.11)可知，$\|\boldsymbol{x}_{\text{new}}-\boldsymbol{x}_i\|$ 值是影响 D_{new} 值的关键因素，式(9.12)的值越小，对应的 D_{new} 值就越大，即 D_{new} 值的改变量取决于 $\|\boldsymbol{x}_{\text{new}}-\boldsymbol{x}_i\|$ 的大小。

$$\sum_{i=1}^{n}\alpha_i\|\boldsymbol{x}_{\text{new}}-\boldsymbol{x}_i\|^2=\sum_{j=1}^{p}\sum_{i=1}^{n}\alpha_i(\boldsymbol{x}_j^{\text{new}}-\boldsymbol{x}_i)^2 \tag{9.12}$$

定义 $\text{contr}\boldsymbol{x}_j^{\text{new}}$ 为实时观测到的样本数据中的第 j 个变量对脆弱性的影响值，如式(9.13)所示。

$$\text{contr}\boldsymbol{x}_j^{\text{new}}=\sum_{i=1}^{n}\alpha_i(\boldsymbol{x}_j^{\text{new}}-\boldsymbol{x}_i)^2 \tag{9.13}$$

由此可找出所有性能参数变化中，对设备造成最大影响的性能参数，因而在设备维护时要尽量找出导致这些参数变化的原因并尽可能消除。各种性能参数的量纲不同，因此需要对式(9.13)进行标准化处理，如式(9.14)所示。

$$\text{contr}\boldsymbol{x}_j^{\text{new}}=\sum_{i=1}^{n}\alpha_i(\boldsymbol{x}_j^{\text{new}}-\boldsymbol{x}_i)^2/S_i \tag{9.14}$$

式中，S_i 为样本中变量 i 的方差。

9.4 应用实例

某混流制造系统实验平台布局示意如图 9.4 所示，该混流制造系统包括制造设备 6 台，其中车床(设备 m_1，m_4)、铣床(设备 m_2，m_5)和数控加工中心(设备 m_3，m_6)各 2 台，AGV 小车 1 辆以及相关的仓储系统和控制系统。制造设备上安装了系统性能参数监测通道，各监测点主要监测制造设备主轴振动、齿轮箱油池温度、齿轮箱前轴承温度，齿轮箱后轴承温度、电机输入轴向振动、伺服电机正反转速差、伺服电机温升、伺服电机转矩波动、伺服电动速度响应时间、液压系统压力、刀具磨损、设备噪声、机械手故障等特征参数的变化情况来判断制造系统的健康状态。选择混流制造系统实验平台的正常运行数据作为训练数据，随机抽选 200 个运行数据进行健康状态分析。

9.4.1 混流制造系统健康状态分析

根据劣化度和脆弱性计算模型，样本组脆弱性计算结果如图 9.5 所示。由图 9.5 可知，系统脆弱性取值并非稳定不变，在短期内出现了波动，这主要是数据监测的稳定性、参数周期性变化等诸多因素造成的，但总体上能反映系统的健康状态变化过程。前 20 组数据的脆弱性均值低于总体后半部分，特别是在第 30 组(仿真系统加入干扰和破坏)附近发生了明显突变，且此后脆弱性维持在较高水平，此时制造系统的性能发生了不可逆的退化现象，系统处于亚健康状态(故障隐患状态)，这与仿真时加入的干扰吻合。

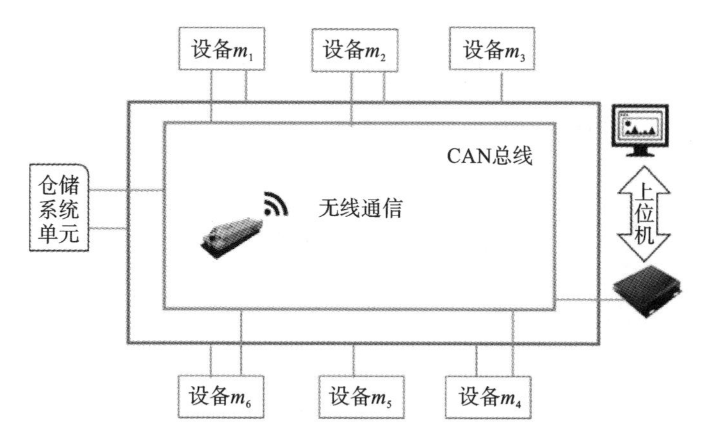

图 9.4　某混流制造系统实验平台布局示意

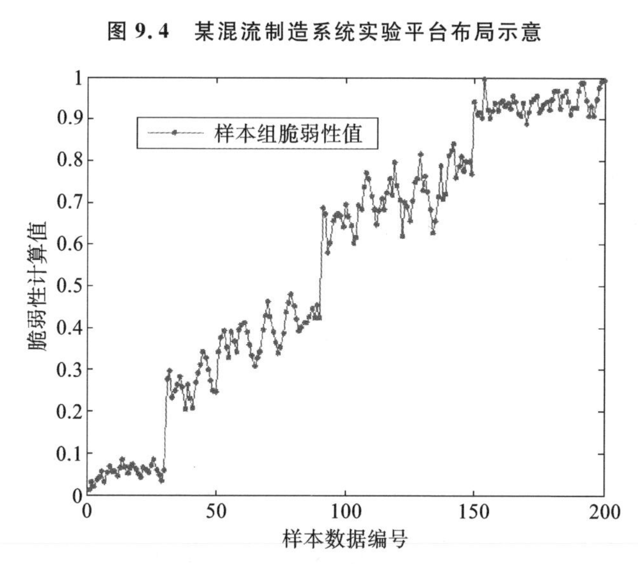

图 9.5　样本组脆弱性计算结果

9.4.2　混流制造系统健康状态异常因素在线判别

采集该混流制造系统运行过程中某设备的 16 个性能参数，如表 9.1 所示，从清洗过的数据中选择 10 组共 160 个通过验证的性能参数历史数据作为样本数据集，根据式(9.9)确定超球体的半径 R，并将其作为性能参数变化的控制限。图 9.6 给出了样本数据集经训练后的分布情况，从该图中可以看出，99.9%的数据样本点均在性能参数控制限以下，说明在正常工作情况下，设备的性能变化在可控范围内。

表 9.1　主要性能参数指标统计值

变量	最大值	最小值	平均值
主轴振动加速度 x 方向/g	0.0028	−0.0078	−0.0012
主轴振动加速度 y 方向/g	0.0016	−0.0092	−0.0018

续表

变量	最大值	最小值	平均值
齿轮箱油池温度/℃	72.5	30.2	48.6
齿轮箱前轴承温度/℃	78.6	36.8	51.2
齿轮箱后轴承温度/℃	79.3	42.1	56.8
齿轮箱润滑油入口压力/kPa	−400	−390	−399
齿轮箱润滑油出口压力/kPa	168	−140	10.6
伺服电机转速波动率/(%)	6.27	0	2.06
伺服电机转矩波动率/(%)	26.3	0	1.5
伺服电机热时间常数/min	150	10	38
伺服电机正反转速差/(%)	6.3	−3.6	1.2
伺服电机温升/℃	68.9	25.3	40.6
伺服电机速度响应时间/ms	20	6	10
转矩响应时间/ms	1.48	0.85	1
位置跟踪误差/μm	0.256	0.226	0.013
液压系统压力/MPa	4.0	3.86	3.92

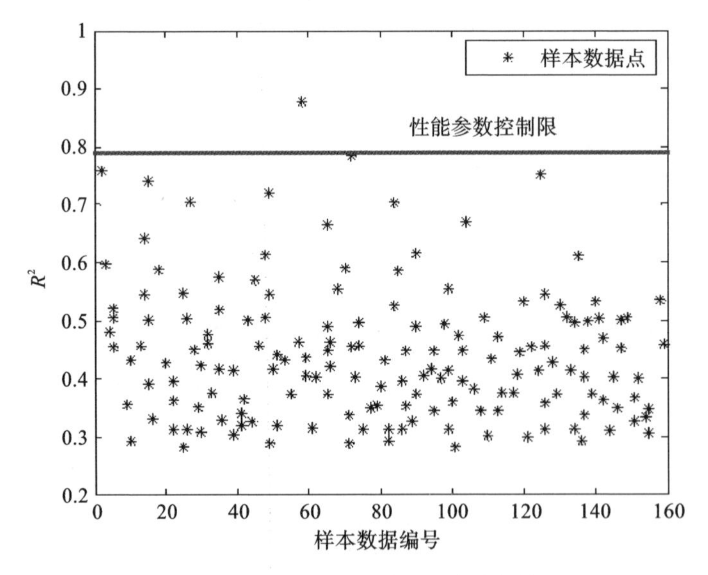

图 9.6 样本数据集经训练后的分布情况

根据式(9.10)可计算生产过程中的设备性能参数变化的样本点到超球体中心的距离平方，以此监测性能参数是否超出设定范围。图 9.7 为该设备在生产工程中监测到的性能参数变化的实际情况，可以看出，性能参数变化大多数都在可控范

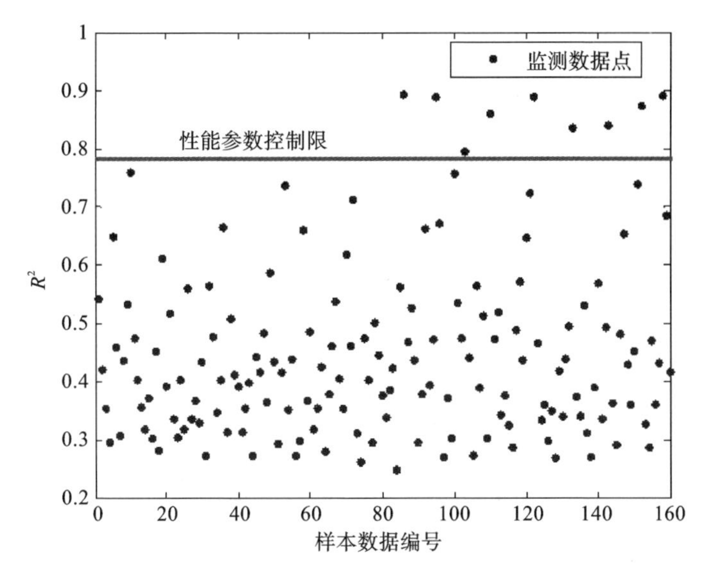

图 9.7 生产工程中监测到的性能参数变化

围内，说明即使制造系统处于亚健康状态下，但系统的大多数性能参数仍然相对稳定，因此找出影响设备健康的关键因素至关重要。同时，在监测的后期阶段，系统性能参数样本点的第 86、95、103、110、122、133、143、152、158 等 9 个样本点数据超出了控制范围，说明在该状态下的制造系统处于亚健康状态，需要及时排除系统潜在的故障因素。

9.4.3 设备健康状态影响因素分析

为了找出设备异常的关键因素，基于前述的异常因素识别方法，利用式(9.13)计算设备的各种性能参数异常贡献率，得到第 86 和 122 两个异常点性能参数的贡献率柱状图，如图 9.8 和图 9.9 所示。

从图 9.8 中可以看出，异常点 86 中各参数的贡献率中主轴振动加速度的贡献率最大，其次为齿轮箱前后轴承温度。进一步研究发现，主轴振动加速度 x 方向和 y 方向的值分别为 $0.069g$ 和 $0.042g$，超过历史样本数据中的最大值 $0.028g$ 和 $0.016g$。此外，齿轮箱前轴承和后轴承温度分别为 89 ℃和 86 ℃，同样超过了历史最高值的 78.6 ℃和 79.3 ℃。进一步分析可知，影响主轴振动加速度的主要原因是轴承磨损、超载、润滑不良、安装不良、锈蚀、异物落入等会引起的表面损伤类故障和不对中、不平衡、轴弯曲等转子故障，而这与仿真实验时故意松动轴承、加入摩擦异物导致轴承磨损加剧的情形吻合。

从图 9.9 中可以看出，异常点 122 的各参数的贡献率中位置跟踪误差的贡献率最大，其次是伺服电机转矩波动率和伺服电机转速波动率。进一步研究发现，位置跟踪误差为 0.469 μm，远远大于历史样本集中的最大值。伺服电机转矩和转速

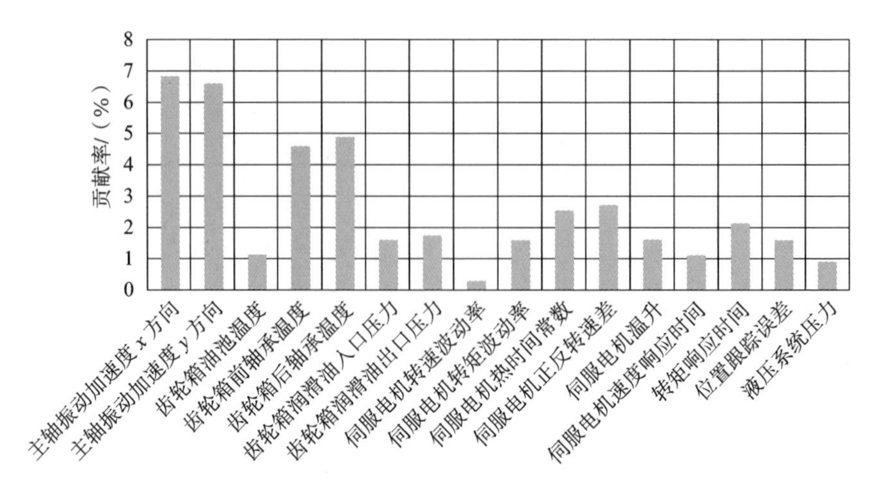

图 9.8　异常点 86 中各参数的贡献

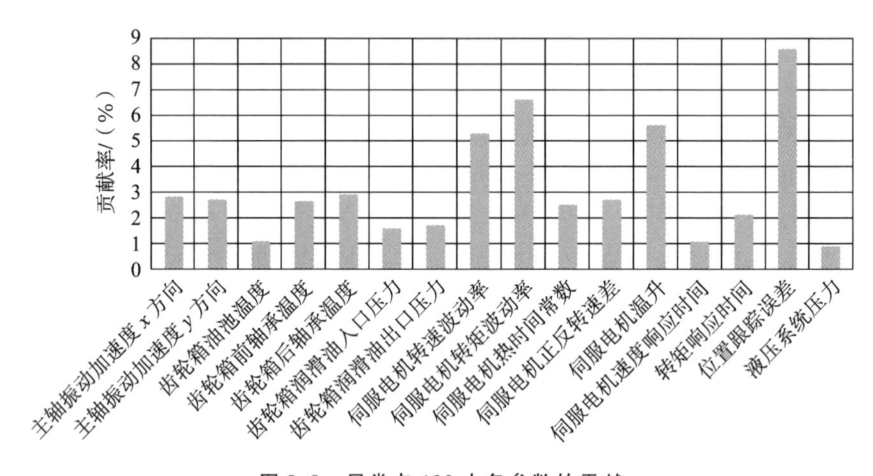

图 9.9　异常点 122 中各参数的贡献

波动率分别为 9.3%和 28.2%,也分别高于正常情况下的最高值 6.27%和26.3%。这些性能异常参数的累积结果会造成设备性能偏离控制范围。因此,该样本点的设备健康处于亚健康状态,设备随时可能发生故障。过高的位置跟踪误差会导致设备定位不准确,影响设备正常工作;伺服电机转矩和转速波动较大与齿槽效应、转子磁极励磁磁场引起的谐波磁场等原因有关,也可能与外在的负载过重、电路压降过大、机械配合不当等有关。

9.5　小　　结

本章结合制造系统健康诊断与维护的实际需求,提出了在制造系统的健康诊断与维护过程中,将 CPS 健康预测与故障诊断模块嵌入到系统的设备当中,实现制造系统的在线动态健康状态监测与故障诊断，主要结论如下。

(1) 将基于CPS技术的设备健康状态预测与故障诊断模块嵌入到制造系统关键设备的过程控制系统中，实现制造系统健康状态在线实时诊断。基于CPS技术的设备健康状态预测与故障诊断模块增强了各设备健康状态动态监控、判断与故障识别的能力，提高了设备健康状态判断的及时性和故障诊断的效率。

(2) 数据驱动的设备性能参数异常判定方法采用的是超球体边界确定方法，能有效处理设备性能参数中的强相关、高纬度和非线性情况。该方法采用高斯映射将性能参数的边界问题转化为求解样本数据空间的球心到超球体的半径 R 的问题。如果实时观测到的性能参数到球心的距离大于 R，则判断系统性能出现异常，设备处于亚健康状态，可能发生故障。

(3) 基于贡献图的性能参数异常因素识别方法可以对制造系统实现实时健康状态判断与故障关键因素识别，通过监测制造系统在服役过程中各设备性能参数的变化情况，及时找出导致系统性能异常的关键因素，判断设备的健康状态的潜在故障风险，保障系统安全运行。

参考文献

[1] 夏唐斌.面向制造系统健康管理的动态预测与预知维护决策研究[D].上海：上海交通大学，2014.

[2] 刘勤明，李亚琴，吕文元，等.基于自适应隐式半马尔可夫模型的设备健康诊断与寿命预测方法[J].计算机集成制造系统，2016，22(9)：2187-2194.

[3] WANG B，WANG X，BIE Z，et al. Reliability model of MMC considering periodic preventive maintenance[J]. IEEE Transactions on Power Delivery，2017，32(3)：1535-1544.

[4] BIAGETTI T，SCIUBBA E. Automatic diagnostics and prognostics of energy conversion processes via knowledge based systems[J]. Energy，2004，29(12-15)：2553-2572.

[5] 王玉刚，彭海军，王思臣.某型机载设备故障诊断专家系统知识库的设计[J].数据挖掘，2016，6(1)：37-41.

[6] SIKORA，M. Induction and pruning of classification rules for prediction of microseismic hazards in coal mines[J]. Expert Systems with Applications，2011，38(6)：6748-6758.

[7] CAESARENDRAA W，WIDODOB A，PHAM H T，et al. Combined probability approach and indirect data-driven method for bearing degradation prognostics[J]. IEEE Transcations on Reliability，2011，60(1)：14-20.

[8] PHAM H T，YANG B S. Estimation and forecasting of machine health

condition using ARMA/GARCH model[J]. Mechanical Systems and Signal Processing,2010,24(2):546-558.

[9] WANG Q X,CHEN J D. Application of grey-markov forecasting model to machine's fault forecast[J]. Mechanical Science Technology,1997,16(3):492-495.

[10] DERLER P, LEE E A, VINCENTELLI A S. Modeling cyber-physical systems[J]. Proceedings of the IEEE,2012,100(1):13-28.

[11] JIANG B,FEI Y. A PHEV power management cyber-physical system for on-road applications[J]. IEEE Transactions on Vehicular Technology,2016,66(7):5797-5807.

[12] LV C,LIU Y,HU X,et al. Simultaneous observation of hybrid states for cyber-physical systems: a case study of electric vehicle powertrain[J]. IEEE Transactions on Cybernetics,2017,48(8):2357-2367.

[13] MICHNIEWICZ J, REINHART G. Cyber-physical-robotics-modelling of modular robot cells for automated planning and execution of assembly tasks[J]. Mechatronics,2016,34:170-180.

[14] MONOSTORI L, KÁDÁR B, BAUERNHANSL T, et al. Cyber-physical systems in manufacturing[J]. Cirp Annals,2016,65(2):621-641.

[15] PIRVU B C,ZAMFIRESCU C B,GORECKY D. Engineering insights from an anthropocentric cyber-physical system: A case study for an assembly station[J]. Mechatronics,2016,34:147-159.

[16] YAO X,LIN Y. Emerging manufacturing paradigm shifts for the incoming industrial revolution[J]. International Journal of Advanced Manufacturing Technology,2016,85:1665-1676.

[17] 高贵兵,岳文辉,张人龙. 基于状态熵的制造系统结构脆弱性评估方法[J]. 计算机集成制造系统,2017,23(10):2211-2220.

[18] CHEN Q, MILI L. Composite power system vulnerability evaluation to cascading failures using importance sampling and antithetic variates[J]. IEEE Transactions on Power Systems,2013,28(3):2321-2330.

[19] SHAWE-TAYLOR J, CRISTIANINI N. Kernel methods for pattern analysis[J]. Cambridge:Cambridge University Press,2004.

第10章　基于脆弱性与大数据的制造设备健康状态预测

【核心内容】

设备健康状态预测是制造系统健康管理的核心。基于数据模型混合驱动的思想，结合三阶段制造数据无监督特征提取技术，本章建立了一种基于脆弱性与加权马氏距离的健康状态指数预测模型，用以解决制造设备健康状态的实时预测问题。

(1) 利用数据异常识别和修复技术对设备运行数据进行清洗和修复，利用多目标进化算法与堆叠自编码网络去除冗余特征，再用CKLP算法挑选设备健康状态特征。

(2) 建立健康状态特征空间，计算特征的加权马氏距离（weighted Mahalanobis distance，WMD），利用WMD构建制造设备的健康状态指数（heath status，HS）。

(3) 利用CPS技术将HS模块嵌入到设备的PCS系统中，以此达到设备健康状态实时预测的目的。

(4) 以某装配线的装配机器人为例，验证本章所提方法能有效提取机器人的健康状态特征、预测其健康状态、提高设备健康管理效率。

10.1　前　　言

随着信息技术的快速发展，制造系统柔性化、自动化和智能化程度越来越高，制造系统的健康状态呈现出多样、多耦合及不确定性等特点，制造设备健康维护逐渐由传统的事后维修转向智能维护。智能维护的核心是依据大数据技术和决策支持工具来预测和预防设备的潜在故障，设备的健康状态预测是智能维护的关键。目前制造设备健康状态预测的方法主要有两类：基于设备性能劣化机理的健康状态演化分析和基于数据驱动的健康状态判断。前者以贝叶斯理论为基础，建立设备健康状态预测模型，这种方法虽然在某些特定场景下对某特定设备的健康状态预测可以取得较为准确的预测结果，但这种方法并没有充分利用设备运行中各种有价值的运行数据，且建模过程复杂，易导致健康状态预测的精确度不理想。后者缺少设备性能劣化机理或健康状态演化规律分析，在进行健康状态预测时需要大量的运行数据以获取相应的健康状态特征，得益于当前大数据技术的快速发展，这种方法逐渐成为制造设备健康状态预测的主流趋势。智能算法、深度学习、支持向量机等方法在健康状态预测中的应用较多。

近年来，深度学习成为制造设备健康状态预测领域的研究热点。深度学习极强的非线性拟合能力适用于分析复杂的映射关系，相较于传统的人工神经网络方法，深度学习能够摆脱对大量信号处理技术与诊断经验的依赖，其可靠性、泛化能力和鲁棒性有较强优势。常用的深度学习模型有卷积神经网络、差分神经网络、长短记忆模型等，但这些模型主要用于对运行数据进行定量分析，较少考虑设备状态的实时变化，因此预测结果不甚理想。齐咏生等提出了一种基于极限学习机和本征时间尺度分解多尺度熵的模型用以预测轴承的健康状态。Zheng 等提出了一种近似等距投影的支持向量机方法以解决滚动轴承特征向量的降维问题。Fang 和 Wu 提出了一种基于 ANS(advanced networks and services)网络框架的性能劣化评估方法以预测轴承、涡轮的健康状态。李振恩等采用自组织映射模型提取轴承的健康特征用以检测其健康状态。这些方法均通过某种数据假设来提取数据特征，评估效果依赖于模型的参数调校，难以保证评估的鲁棒性。部分方法甚至损失了原始数据的信息量，所提取的特征对评估的贡献度难以描述，造成评估的效果不理想，而支持向量机、深度神经网络等方法由数据驱动，对数据的依赖性大。制造设备在复杂多变的工况下运行，数据噪声较多，导致这些方法在制造设备健康状态预测方面的通用性较差。

本章根据制造设备运行数据的特点，分析设备健康状态的演化规律，利用多目标进化算法、堆叠自编码器、特征数据的加权马氏空间距离、状态空间等技术和原理，构建设备健康状态指数，实现对复杂多状态制造设备健康状态的准确预测。

10.2 制造设备健康预测框架

传统的设备健康状态预测通过分析设备剩余寿命来预测设备的健康状态，其核心是剩余寿命模型的构建，对于复杂的制造设备，要建立准确的剩余寿命模型非常困难。将 CPS 与大数据技术(数据清洗、去除冗余、特征选择等)相结合，建立设备运行数据的特征空间，计算健康状态评估指数，将健康状态预测模块嵌入到设备的 PCS 系统，实现健康状态实时预测，为设备的智能维护提供支撑。制造设备健康状态预测系统框架如图 10.1 所示。

制造设备健康状态预测系统框架主要包含设备层、感知层、数据处理层、模型分析层和应用层。其中，设备层为制造系统中的主要设备，是健康状态预测与智能维护的主要对象，为感知层提供制造设备的各种运行数据、工作参数等各类生产制造信息。感知层是实现制造设备健康状态预测与维护的最底层技术，采集、处理设备层的各类信息，并传输给数据处理层，是健康状态预测系统的基础，也是联系设

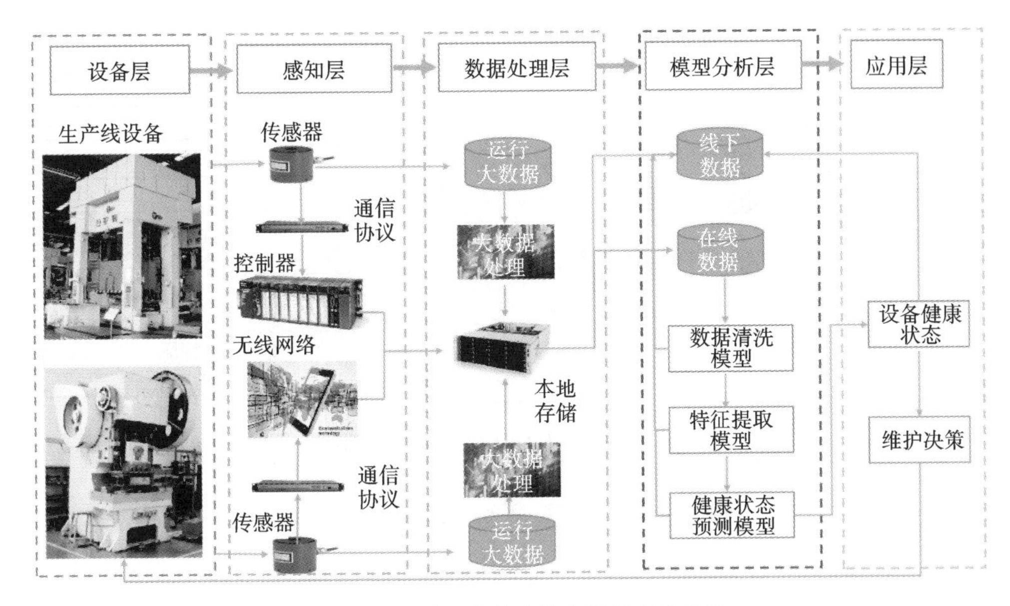

图 10.1　制造设备健康状态预测系统框架

备层与数据处理层的纽带。数据处理层负责将采集的制造设备运行数据进行清洗、分析并传输到模型层，实现数据冗余去除和特征选择等。模型分析层利用领域模型知识，对输入的数据进行清洗、筛查、降维、特征提取和健康状态分析等，实现设备层各类制造设备健康状态的可视化。应用层是实现制造设备健康状态预测与健康维护的“窗口”，通过人机交互系统将设备健康状态预测结果可视化，实现对制造设备健康状态的在线预测。

10.3　EA-SAE-CKLP 数据处理模型

通过 CPS 技术在 PCS 中嵌入设备健康状态预测模型，以此实现制造设备实时动态的健康管理。健康状态预测模型包括四大部分，即设备运行数据清洗、特征选择、马氏距离计算、健康状态识别，它们作为领域模型保存在系统的数据处理层和模型分析层中。设备的运行数据通过信息采集设备传输到数据处理层中的数据库中，利用大数据处理技术对数据进行清洗，设计基于进化算法与堆叠自编码网络的特征降维模型，去除数据的冗余特征。健康状态预测模型基于运行数据的马氏距离计算结果，利用 Box-Cox 变换和 3σ 原则设定健康状态阈值，以此判断设备的健康状态，对设备进行预防性维护，防止设备故障。图 10.2 所示为 EA-SAE-CKLP 模型的构造原理，利用进化算法、堆栈自编码网络和相关熵原理构建一种多层次无监督特征提取模型，用于提取制造设备的健康状态特征，能有效识别数据中的噪声特征，去除冗余特征，挖掘健康状态预测所需要的有价值特征。

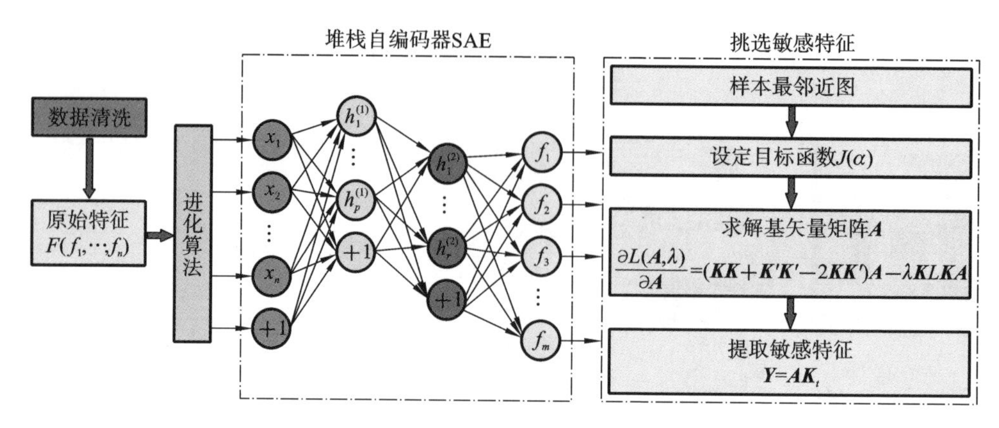

图 10.2 EA-SAE-CKLP 模型的构造原理

10.3.1 制造设备运行数据预处理

为实现数据在线清洗，采用 SS(super smoother)-AR(autoregressive model)方法识别和修复异常数据：针对设备运行数据以数值型为主的特点，采用 SS 算法识别异常数据，估算异常数据的原始值并生成候选数据，再利用自回归模型（AR）对候选数据进行修正。

1）利用 SS 算法识别异常数据

选取大小为 W 的滑动窗口，其中包含的数据 X，$X=\{x_1,x_2,\cdots,x_n\}$，找出满足式(10.1)所示的期望偏差最小的平滑预测值 Y。

$$E_{X,Y}[Y-f(X)]^2=\min_g E_{X,Y}[Y-g(X)] \tag{10.1}$$

对原始记录数据值 X 进行局部线性回归估计。以 X 的数值 x_i 为基点，计算 x_i 和平滑值 y_i 的交叉验证误差，如式(10.2)所示。

$$e_{\mathrm{cv}}^2(W)=\frac{1}{n}\sum_{i=1}^{n}[y_i-s_i(x_i\mid W)]^2 \tag{10.2}$$

选择最优的平滑带宽控制 x_i 的平滑度。x_i 的平滑度计算如式(10.3)所示，可通过优化窗口宽度 J 调节 x_i 平滑程度，其范围越大则平滑度越好。

$$S(x_i)=\frac{1}{W}\sum_{i-\frac{J}{2}}^{i+\frac{J}{2}}y_i \tag{10.3}$$

计算 y_i 与 x_i 的差值得到偶然误差，进一步计算窗口内所有数据误差群的均值和标准差，对其进行标准化处理。依据 3σ 原理，将$(\mu-3\sigma,\mu+3\sigma)$区间外的数值定为异常值，将其放入异常数据集，对其进行下一步的拟合修正。

2）生成异常数据修正集

对于异常数据 r_j，设其为 l，并令：

$$\delta(Y_i)=\frac{(l_{i1}-\overline{Y_i})^2+\cdots+(l_{i2}-\overline{Y_i})^2+\cdots+(l_{iw}-\overline{Y_i})^2}{w}=v \tag{10.4}$$

对式(10.4)求解,可得到 l 的原始解 l_1 和 l_2,设 $l_1<l_2$,对于异常数据 r_j,必然有 $r_j<l_1$ 或 $r_j>l_2$。当 $r_j<l_1$ 时,数据 r_j 的候选值取 l_1;当 $r_j>l_2$ 时,据 r_j 的候选值取 l_2,由此可将所有异常数据替换为候选数据,产生候选数据集 Γ',r' 为异常数据集 Γ' 中的异常数据。

3) 迭代优化异常数据

对候选数据集进行优化,确保数据修正准确可靠。若数据集 Γ' 中有 m 个正常数据,则更新候选数据 r_j 得到最终修复值,如式(10.5)所示。

$$r_j^* = C + \sum_{k=1}^{m} \phi_k r'_{i-k} + \varepsilon_i \tag{10.5}$$

式中,r_j^* 为最终修复值;C 是常量;ϕ_k 为 AR 模型参数;m 为阶数;ε_i 为白噪声点。

若 m 个数据不全为正常数据,则对 $i-m$ 至 $i-1$ 个数据采用如式(10.6)所示方式对异常数据 r_j 进行更新,得到修复数据 r_j^*。

$$r_j^* = r'_j + \sum_{k=1}^{m} \phi_k (r_{j-k} - r'_{j-k}) + \varepsilon_j \tag{10.6}$$

式中,k、m 可利用数学统计进行估算。

10.3.2　基于多目标进化算法特征选择

分层多目标进化算法是一种模拟生物进化的多目标进化方法,该算法采用多目标进化算法的框架,根据进化群体的结构,将进化过程划分为初始探索和加速收敛两阶段。在初始探索阶段,采用动态精英个体保留策略,防止精英个体被弱化,即在多目标优化过程中根据新个体的适应值判断是否保留该精英个体,如果新个体的适应值比现有帕累托非支配解的适应值高,则保留新个体到精英群体中,否则直接放弃。此外,为增强算法的全局搜索能力,在进化群体构造模式上,同样采用动态构造策略,进化种群由精英群和外部种群按照特定的比例随机选择个体构成。收敛阶段,通过对精英个体施加选择压力以加快算法收敛,同时,当群里饱和时,删除距离较小的个体,以保持群体的多样性。

多目标进化算法的适应度函数设计直接影响到进化算法的收敛速度以及能否找到满意解,因此,复现精度和降维率作为分层递进多目标进化算法(HP-MOEA)的优化目标,其适应度函数设计如式(10.7)和式(10.8)所示。

堆叠自编码器的降维率最大的适应度函数如下。

$$f_1 = \max(R(\text{pop})) = \max\left(\text{Mish}\left(\frac{\alpha(m-2m')}{m}\right)\right) \tag{10.7}$$

堆叠自编码器的复现精度最高的适应度函数如下。

$$f_2 = \max(M(\text{pop})) = \max\left[\text{Mish}\left[\frac{-\lg\left(\frac{1}{n}\sum_{i=1}^{n}(\hat{y}_i - y_i)^2\right) - d}{s}\right]\right] \tag{10.8}$$

将目标函数归一化处理后构造如式(10.9)所示适应度函数。

$$f_{适} = \alpha \frac{f_1 - f_1^{\min}}{f_1^{\max} - f_1^{\min}} + \beta \frac{f_2 - f_2^{\min}}{f_2^{\max} - f_2^{\min}} \tag{10.9}$$

式中，pop 为进化种群的个体，其适应度函数为 $f_{适}$。Mish 函数是神经网络的激活函数，其表达式如式(10.10)所示。

$$\mathrm{Mish}(x) = x\tanh(1 + \ln(1 + \mathrm{e}^x)) \tag{10.10}$$

式中，α 是缩放系数，用来调整 Mish 函数的变化率；m 为初始特征集的总特征数；m'是种群个体包含的特征数，易得 $\frac{m-2m'}{m} \in [-1,1]$。$s$ 和 d 是由编码器复现精度的上下限确定的参数。

$$\tanh(z) = \frac{\mathrm{e}^z - \mathrm{e}^{-z}}{\mathrm{e}^z + \mathrm{e}^{-z}} \tag{10.11}$$

由图 10.3 可知，当 $\alpha \leqslant 1$ 并不断减小时，Mish 函数在[0,1]区间内呈线性平缓的变化，在[−1,0]区间则是非线性的近乎平行的变化，适应度函数通过增加降维率来获得的收益较少，因此在进化过程中，复现精度高的个体算法在帕累托个体选择时的影响较大；当 $\alpha > 1$ 时，Mish 函数在[0,1]区间内快速线性增长，适应度函数通过增加降维率来获得的收益增大，进化过程中的帕累托个体选择时偏向于选择降维率较高的个体，避免了进化算法收敛到降维率 100%的情况。

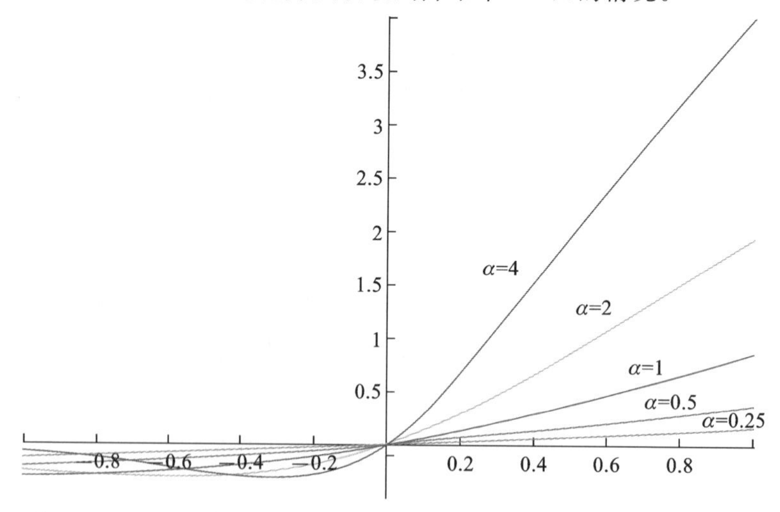

图 10.3 激活函数在不同 α 值时的图像

10.3.3 SAE 特征降维与微调

堆叠自编码器(stacked autoencoder，SAE)包含多个隐含层的深度神经网络，由多个自编码器堆叠而成，前一层 AE 的输入作为后一层 AE 的输入，最后一层为分类器，常用于数据降维和异常值检测。本章采用 SAE 模型对初步清洗后的数据去除冗余特征，该模型首先利用编码器对运行数据进行特征提取，然后利用解码器重构数据，在对高维特征降维的同时保证数据特征损失最小。针对健康状态识别，对制造系统运行的高维数据进行降维，自动提取健康状态特征并进行特征分类，基于SAE的健康状态特征降维模型如图10.4所示。该SAE模型的第二层既是编码器的输出，也是第四层解码器的输入，且该层维度最小，网络最后一层利用softmax函数层进行特征分类。

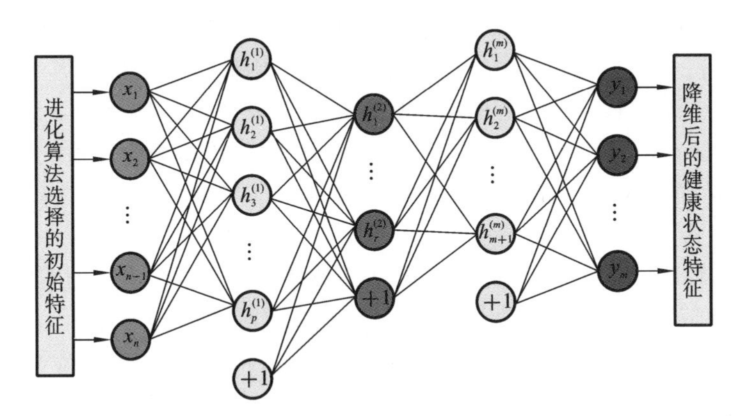

图10.4 基于SAE的健康状态特征降维模型

在特征降维过程中，经过多目标进化算法挑选的初始特征向量 $\boldsymbol{x}=[x_1,\cdots,x_n]^{\mathrm{T}}$，由于中间隐含层的激活函数为Mish函数，则SAE中各隐含层的输出可用式(10.12)表示。

$$\begin{cases} h_e^{(1)} = x, \quad e=1,\cdots,p \\ h_e^{(q)} = \mathrm{Mish}(W_e^q h_e^{q-1} + b_e^q) \quad q=2,\cdots,m-1 \end{cases} \tag{10.12}$$

式中，$h_e^{(1)}$ 为SAE编码器第一层的输入；$h_e^{(q)}$ 为SAE编码器第 q 层的输出；W_e^q、b_e^q 为编码器SAE第 q 层的权值与阈值；Mish为编码器SAE第 q 层的激活函数。

SAE编码器最后一层的输出如式(10.13)所示，即为降维后的特征。

$$\boldsymbol{h}_e^{(m)} = [y_1, y_2, \cdots, y_m]^{\mathrm{T}} \tag{10.13}$$

SAE模型的降维过程在本质上属于特征复现问题，必须保证原始输入的特征信息丢失尽可能少，因此损失函数必须尽可能小，SAE损失函数 $L(\boldsymbol{x},\boldsymbol{y})$ 定义如式(10.14)所示。

$$L(\boldsymbol{x},\boldsymbol{y}) = J(B,b) = \left[\frac{1}{n}\sum_{k=1}^{m} J(B,b,\boldsymbol{x}^{(k)},\boldsymbol{y}^{(k)})\right] + \frac{\lambda}{2}\sum_{I=1}^{m-1}\sum_{i=1}^{S_{I+1}}\sum_{j=1}^{S_I}(W_{ij}^{(I)})^2 \tag{10.14}$$

式中，$J(B,b,\boldsymbol{x},\boldsymbol{y}) = \|\boldsymbol{x}-\boldsymbol{y}\|^2$，$B$、$b$ 为网络参数；n 为样本总数；λ 为权重衰减系数；m 为网络总层数；S_I 为第 I 层神经元总节点数。

SAE编码器的各层初始参数 B、b 可通过预训练确定后再通过微调对参数进行优化，以便更好地适应SAE模型以获取更好的降维效果。在进行参数微调时，以损失函数为目标函数，将参数的更新转化为函数优化问题，采用梯度下降法更新参数 B 和 b。

10.3.4 基于CKLP的第三阶段特征选择方法

CKLP算法利用相关熵判断特征的相似性，借鉴了KLPP算法能够保持局部非线性流形结构的优点，构建异类近邻判别结构扩大不同流形间距离，在寻求原始高维数据集的低维映射时，使嵌入到高维的低维流形结构具有更多的分类信息。在CKLP算法中，如果两个点在空间中距离相近，则假设它们可能属于同一类别，它们的局部结构比全局结构更有效。因此，CKLP算法注重局部相似性，比采用欧式距离度量样本相似性的稳定性好。概括来说，CKLP算法通过筛选出最能分辨数据局部结构的特征以达到特征选择的目的，基本原理如下。

1）构建样本最邻近图

对于样本 $X=\{x_1,x_2,\cdots,x_n\}$，定义从原始空间到高维核空间的非线性映射 $\boldsymbol{\phi}$，根据核再生理论，当两个样本 $\boldsymbol{x}_i$ 和 $\boldsymbol{x}_j(i\neq j)$ 较"近"时，即 $\boldsymbol{\phi}(x_i)$ 与 $\boldsymbol{\phi}(x_j)$ 为近邻，则 $y_i=\boldsymbol{W}^t\boldsymbol{\phi}(x_i)$ 与 $y_j=\boldsymbol{W}^t\boldsymbol{\phi}(x_j)$ 也是近邻，可以取 x_i 的 k 邻近点，建立最邻近图。

2）设定目标函数 $J(\alpha)$

引入核矩阵 $\boldsymbol{K}=[K(i,j)]=\boldsymbol{\phi}(x_i)^{\mathrm{T}}\boldsymbol{\phi}(x_j)$，$\boldsymbol{K}'=[K(i,j)]=\boldsymbol{\phi}(x_i)^{\mathrm{T}}\boldsymbol{\phi}(\overline{x_{ik}})$，令局部结构保持投影算法的目标函数为 $J_l(\alpha)$，改进的核化多流形判别投影算法的目标函数为 $J_g(\alpha)$，则CKLP算法的目标函数可用式(10.15)定义。

$$J(\alpha)=\max\left(\frac{J_g(\alpha)}{J_l(\alpha)}\right)=\max\frac{\boldsymbol{A}^{\mathrm{T}}(\boldsymbol{KK}+\boldsymbol{K}'\boldsymbol{K}'-2\boldsymbol{KK}')}{\boldsymbol{A}^{\mathrm{T}}\boldsymbol{KLKA}} \tag{10.15}$$

其中

$$J_l(\alpha)=\min_{\alpha}\boldsymbol{A}^{\mathrm{T}}\boldsymbol{\phi}(X)^{\mathrm{T}}\boldsymbol{\phi}(X)(D-S)\boldsymbol{\phi}(X)^{\mathrm{T}}\boldsymbol{\phi}(X)\boldsymbol{A}=\min_{\alpha}\boldsymbol{A}^{\mathrm{T}}\boldsymbol{KLKA}$$

$$J_g(\alpha)=\max\{\boldsymbol{A}^{\mathrm{T}}(\boldsymbol{KK}+\boldsymbol{K}'\boldsymbol{K}'-2\boldsymbol{KK}')\boldsymbol{A}\}$$

3）求解基矢量矩阵 $\boldsymbol{A}$

将目标函数 $J(\alpha)$ 转化为求解广义特征值。令 $\boldsymbol{A}^{\mathrm{T}}\boldsymbol{KLKA}=\boldsymbol{C}\neq\boldsymbol{0}$，采用拉格朗日乘子法，定义基矢量矩阵 $\boldsymbol{A}$ 的拉格朗日函数 $L(\boldsymbol{A},\lambda)$，如式(10.16)所示，对拉格朗日函数 $L(\boldsymbol{A},\lambda)$ 求偏导数并令其偏导数为0，求解该方程的前 r 个最大的特征值即可求得基矢量矩阵 $\boldsymbol{A}=[\alpha_1,\cdots,\alpha_r]$。

$$\begin{gathered}L(\boldsymbol{A},\lambda)=\boldsymbol{A}^{\mathrm{T}}(\boldsymbol{KK}+\boldsymbol{K}'\boldsymbol{K}'-2\boldsymbol{KK}')\boldsymbol{A}-\lambda(\boldsymbol{AKLKA}-\boldsymbol{C})\\ \frac{\partial L(\boldsymbol{A},\lambda)}{\partial\boldsymbol{A}}=(\boldsymbol{KK}+\boldsymbol{K}'\boldsymbol{K}'-2\boldsymbol{KK}')\boldsymbol{A}-\lambda\boldsymbol{KLKA}\end{gathered} \tag{10.16}$$

4）提取敏感特征

根据基矢量矩阵 $\boldsymbol{A}$ 的值，利用 $\boldsymbol{Y}=\boldsymbol{AK}$ 和 $\boldsymbol{Y}=\boldsymbol{AK}_t$ 分别计算高维数据集或者新样本数据的 r 维投影，进而提取出最优表征健康状态的低维敏感特征矢量。

10.4 基于健康状态指数的设备健康预测

设备健康状态预测是保证制造系统维护决策动态优化的关键。随着制造系统的复杂性提高、智能化提升、系统面临的各种风险增多，健康状态准确预测的难度随之增加，科学的健康状态预测能够显著降低制造系统健康维护中的不确定性，提高运维效率。

10.4.1　基于 MTS 的健康状态指数模型

MTS 方法是 Taguchi 提出的一种模式识别技术，现广泛应用于系统的 PHM，但 MTS 忽略了特征的重要程度，存在基准空间不稳健、多重共线性数据情况下 MD 计算困难等问题，本章利用前述第 3 节中的算法，对特征进行筛选，以构建稳健的特征空间，进而计算特征的加权马氏距离（WMD），利用 WMD 构建制造系统的健康状态（HS）预测模型。

以筛选后的特征为依据，基于 MTS 中 MD 的计算原理，根据特征的重要性赋予它们不同的权重，计算特征的协方差距离 MD，公式如式（10.17）所示。

$$\mathrm{WMD}_i = \sum_{k=1}^{m} \omega_k \frac{\mu_{ik}^2}{\xi_k^2} \tag{10.17}$$

其中权重 ω_k 根据特征对于健康状态的敏感度来确定，通过计算特征对健康状态异常预测的敏感度计算特征的决策权重，基本原理如下。

定义如式（10.18）所示的特征敏感程度函数。

$$J_F(x_k) = \frac{(m_{xk} - m_{yk})^2}{S_{xk} + S_{yk}} \tag{10.18}$$

式中，m_{xk} 和 S_{xk} 为正常样本的第 k 个特征值和特征类内离散度，$S_{xk} = \sum_{i=1}^{n_i}(x_{ik} - m_{ik})^2$；$m_{yk}$ 和 S_{yk} 为异常样本第 k 个特征值和特征类内离散度。

特征决策权重计算如式（10.19）所示。

$$\omega_k = \frac{J_F(x_k)}{\sum_{j=1}^{p} J_F(x_k)} \quad k = 1,2,\cdots,p \tag{10.19}$$

以 WMD 为评估指标，定义系统的健康状态预测函数 f，该函数必须能够反映出评估指标 WMD 值的变化与系统健康状态之间的关系：当函数值接近 0 时，系统工作正常，不存在故障；当系统性能下降后，函数值处于（0,1），接近 1 时表示系统健康状态恶化；当函数值等于 1 时，系统发生故障，停止工作。由于 WMD 值会在（0,+∞）变动，因此借鉴函数 e^x 对数值变化的敏感性，构造健康状态函数 HSF，如式（10.20）所示。

$$\mathrm{HSF} = \frac{\mathrm{e}^{\varepsilon \mathrm{WMD}} - 1}{\mathrm{e}^{\varepsilon \mathrm{WMD}}} \tag{10.20}$$

该函数中的 ε 为调节指数，当系统健康状态恶化时系统的健康状态指数值趋近于 1，正常工作状态时趋近于 0，不同 ε 值时的 HSF 函数值如图 10.5 所示。当调节指数 $\varepsilon<1$ 时，健康指数变化较为平缓，而当调节指数 $\varepsilon>1$ 时，若 WMD 值小于 1

时健康指数变化较大,可以增强健康识别的灵敏度。调节指数可通过健康状态下WMD的均值和置信水平确定,具体方式如式(10.21)所示。

$$\varepsilon = -\frac{\overline{\mathrm{WMD}}}{\ln\left(\frac{\mathrm{HS}_k}{2-\mathrm{HS}_k}\right)} \tag{10.21}$$

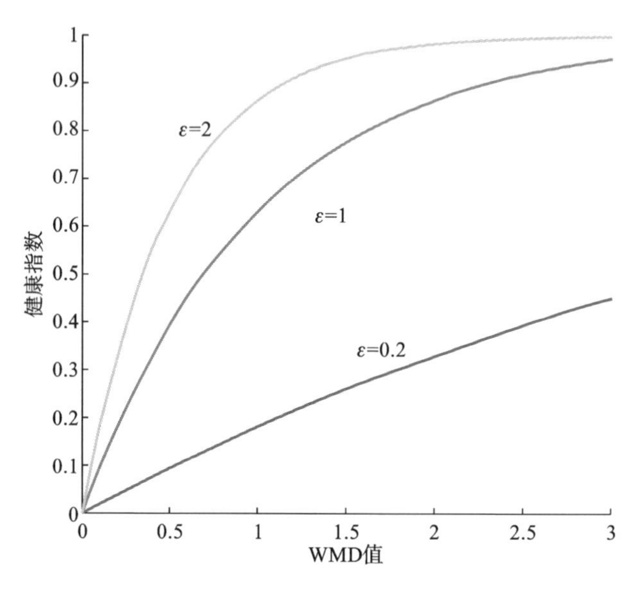

图 10.5 不同 ε 值时的 HSF 函数值

10.4.2 健康状态预测

为准确及时地判断系统的健康状态,必须设立健康状态指数的阈值和警戒值。通过设置 HS 警戒值,能够及时判断系统的健康状态,若实时预测的 HS 值处于警戒值以内,则系统正常,否则系统处于非健康状态,需要及时维护。

虽然系统的健康状态特征经过了清洗、修正和筛选,但仍有可能存在误判,为提高判断结果的准确性,必须保证阈值有较高的置信度,可采用 3σ 准则确定数据阈值。但考虑到 3σ 准则要求数据分布服从正态分布或近似于正态分布,因此本章采用广义幂变换 Box-Cox 方法将 WMD 值转化为正态分布,基本转换公式如式(10.22)所示。

$$\begin{cases} \mathrm{WMD}_k(\lambda) = \dfrac{1}{\lambda}(\mathrm{WMD}_k^{\lambda} - 1) & \lambda \neq 0 \\ \mathrm{WMD}_k(\lambda) = \ln(\mathrm{WMD}_k^{\lambda})\lambda & \lambda = 0 \end{cases} \tag{10.22}$$

式中,WMD_k^{λ} 为第 k 个特征的 WMD 值,WDM_k 为变换后的值,λ 为 Box-Cox 的参数,Box-Cox 变换的原理是数据在不同的区域被拉伸或压缩,λ 参数曲线斜率较大区域的数据在变换后将被拉伸,变换后该区域数据的方差变大;λ 参数曲线斜率较小区域的数据变换后被压缩,变换后该区域数据的方差变小。

从图 10.6 中看出 $\lambda=0$ 时，取值小的数据被拉伸，取值大的数据被压缩；$\lambda>1$ 时则相反。因此 Box-Cox 变换需要根据输入数据的分布情况优化参数值，参数 λ 可由式(10.23)所示的最大似然估计法求得。

$$\max_{\lambda} f(\mathrm{WMD},\lambda)=-\frac{n}{2}\ln\left[\frac{1}{n}\sum_{k=1}^{n}(\mathrm{MD}_{\lambda}(\lambda)-\overline{\mathrm{MD}}(\lambda))^{2}\right]+(\lambda-1)\sum_{k=1}^{n}\ln(\mathrm{MD}_{k}) \tag{10.23}$$

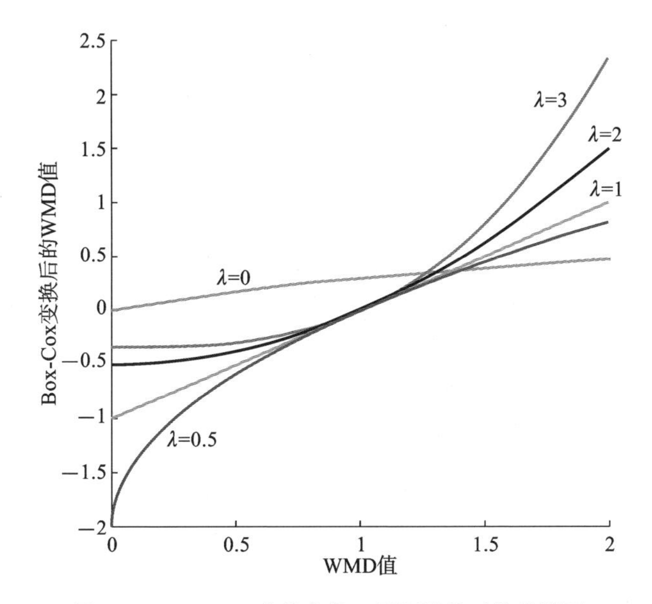

图 10.6　Box-Cox 变换参数 λ 不同取值时的曲线图

经过 Box-Cox 变换后的 WMD 值服从状态分布，利用 3σ 准则求得变换后的 WMD 值的警戒值和阈值，如式(10.24)所示。

$$\begin{cases}\mathrm{WMD}_{2\sigma}=\mu_{\mathrm{WMD}_{\lambda}}+2s_{\mathrm{WMD}}\\ \mathrm{WMD}_{3\sigma}=\mu_{\mathrm{WMD}_{\lambda}}+3s_{\mathrm{WMD}}\end{cases} \tag{10.24}$$

代入健康状态预测函数，得到健康状态预测的警戒值和阈值，如式(10.25)所示。

$$\begin{cases}\mathrm{HS_W}=\dfrac{\mathrm{e}^{\varepsilon \mathrm{WMD}_{2\sigma}}-1}{\mathrm{e}^{\varepsilon \mathrm{WMD}_{2\sigma}}}\\[2ex] \mathrm{HS_f}=\dfrac{\mathrm{e}^{\varepsilon \mathrm{WMD}_{3\sigma}}-1}{\mathrm{e}^{\varepsilon \mathrm{WMD}_{3\sigma}}}\end{cases} \tag{10.25}$$

10.5　应用分析

装配机器人是混流制造车间的核心设备，由机器人操作机、伺服控制系统、末端执行器和传感系统组成，在装配过程往往会伴随着多个变量参数的动态变化。要想准确了解装配机器人的健康状态，需要预测机器人工作过程中的多个特征参数，并从中提取能反映机器人性能退化的特征参数，以此构建健康状态预测模型对其进行健康预测。

10.5.1 特征选择

以某装配线上的某个装配机械手为研究对象，将 MES 系统预测到的数据中与装配作业相关的参数进行分类、归纳整理，总共得到如表 10.1 所示的 37 种参数值。预测的机械手记录有多个周期的运行数据，经历从正常到故障的过程，为便于分析，将该运行数据分为训练数据集和健康判断数据集两大类。训练数据集记录的是机械手在正常工作时的运行数据，用于训练健康状态评估模型；健康状态判断数据集是记录机械手从正常运行到部分发生故障的这段时间的运行数据，用于检测健康判断模型的准确性。机械手的运行数据都是根据工作周期的时间进行采集的，机械手在单次节拍作业中需要循环工作两次，机械手一天循环工作 1360 次，因此，测试机械手的数据为出现故障前的 1360 次预测数据。

表 10.1 传感器数据描述

序号	符合	传感器名称	单位	物理意义
1	v_{S}	S 轴(旋转)速度传感器	rad/s	旋转速度
2	v_{L}	L 轴(下臂)速度传感器	rad/s	下臂移动速度
3	v_{U}	U 轴(上臂)速度传感器	rad/s	上臂移动速度
4	v_{R}	R 轴(手腕旋转)速度传感器	rad/s	手腕旋转速度
5	v_{B}	B 轴(手腕摆动)速度传感器	rad/s	手腕摆动速度
6	v_{T}	T 轴(手腕回转)速度传感器	rad/s	手腕回转速度
7	F_{R}	R 轴力矩传感器	N·m	手腕旋转力矩
8	F_{B}	B 轴力矩传感器	N·m	手腕摆动力矩
9	F_{T}	T 轴力矩传感器	N·m	手腕回转力矩
10	MOI_R	R 轴惯性传感器	N·m	手腕惯性力矩
11	MOI_B	B 轴惯性传感器	N·m	手腕摆动力矩
12	MOI_T	T 轴惯性传感器	N·m	手腕回转力矩
13	Noise	噪声传感器	dB	机器人噪声
14	T_1	伺服电机 1 温度传感器	℃	伺服电机 1 温度

续表

序号	符合	传感器名称	单位	物理意义
15	T_2	伺服电机 2 温度传感器	℃	伺服电机 2 温度
16	T_3	伺服电机 3 温度传感器	℃	伺服电机 3 温度
17	T_4	伺服电机 4 温度传感器	℃	伺服电机 4 温度
18	T_5	伺服电机 5 温度传感器	℃	伺服电机 5 温度
19	T_6	伺服电机 6 温度传感器	℃	伺服电机 6 温度
20	n_1	伺服电机 1 转速传感器	rad/s	伺服电机 1 转速
21	n_2	伺服电机 2 转速传感器	rad/s	伺服电机 2 转速
22	n_3	伺服电机 3 转速传感器	rad/s	伺服电机 3 转速
23	n_4	伺服电机 4 转速传感器	rad/s	伺服电机 4 转速
24	n_5	伺服电机 5 转速传感器	rad/s	伺服电机 5 转速
25	n_6	伺服电机 6 转速传感器	rad/s	伺服电机 6 转速
26	U_1	伺服电机 1 电压传感器	V	伺服电机 1 电压
27	U_2	伺服电机 2 电压传感器	V	伺服电机 2 电压
28	U_3	伺服电机 3 电压传感器	V	伺服电机 3 电压
29	U_4	伺服电机 4 电压传感器	V	伺服电机 4 电压
30	U_5	伺服电机 5 电压传感器	V	伺服电机 5 电压
31	U_6	伺服电机 6 电压传感器	V	伺服电机 6 电压
32	I_1	伺服电机 1 电流传感器	A	伺服电机 1 电流
33	I_2	伺服电机 2 电流传感器	A	伺服电机 2 电流
34	I_3	伺服电机 3 电流传感器	A	伺服电机 3 电流
35	I_4	伺服电机 4 电流传感器	A	伺服电机 4 电流
36	I_5	伺服电机 5 电流传感器	A	伺服电机 5 电流
37	I_6	伺服电机 6 电流传感器	A	伺服电机 6 电流

为获取装配机器人的健康状态指数，选取预测数据中机器人正常运行的前 500 个工作周期的预测数据作为正常样本，最后 180 个工作周期的运行数据作为健康状态测试数据集。根据本章数据清洗方法，对异常数据进行清洗和修正，然后应用本章提出的 EA-SAE-CKLP 算法对数据进行特征提取和选择，其中 EA 迭代

过程如图 10.7 所示,最终的特征选择结果如表 10.2 所示,总共用 4 维特征代表原来的 37 维特征。

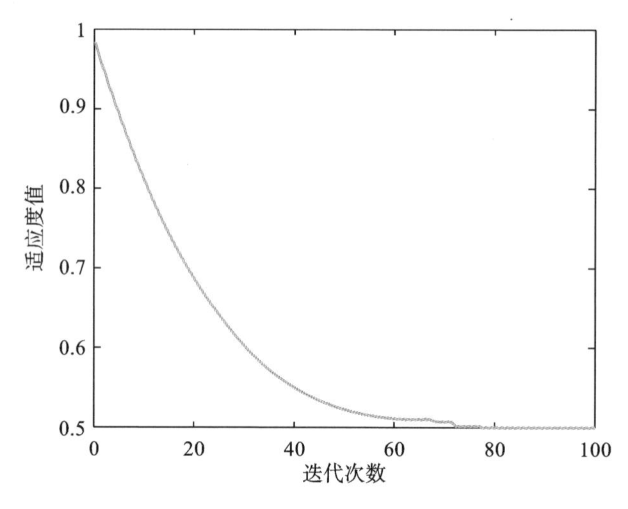

图 10.7 EA 迭代过程

表 10.2 特征选择结果

序号	符号	传感器名称
13	Noise	噪声传感器
4	v_R	R 轴(手腕旋转)速度传感器
5	v_B	B 轴(手腕摆动)速度传感器
6	v_T	T 轴(手腕回转)速度传感器

10.5.2 健康状态指数计算

为获取机器人的健康状态指数 HS 和健康状态阈值,对数据进行处理和特征选择后,利用 WMD 的计算方法,计算特征选择后的训练样本和预测样本的 WMD 值,如图 10.8 所示。可以发现训练样本的 WMD 值较低,预测样本的 WMD 值较高,说明预测样本中的机器人健康状态较差,需要进一步对其进行健康状态识别和监控。

为了准确得到判断机器人的健康状态,根据健康指数和阈值的计算公式,利用 Box-Cox 变换对训练数据的 WMD 值进行转换(其中变换参数 λ 取 2),如图10.9所示。变换后 WMD 值近似服从正态分布,因此可用 3σ 准则确定健康状态指数 HS 的警戒值和阈值,如图 10.10 所示。利用式(10.24)计算得到 $WMD_{2\sigma}$和 $WMD_{3\sigma}$的值分别为 5.6018 和 8.4027,代入式(10.25)得到健康状态指数 HS 的警戒值和阈值,用以判断设备的健康状态。

由图 10.10 可知,正常状态样本的 WMD 值均在阈值以内,98.61%的样本在

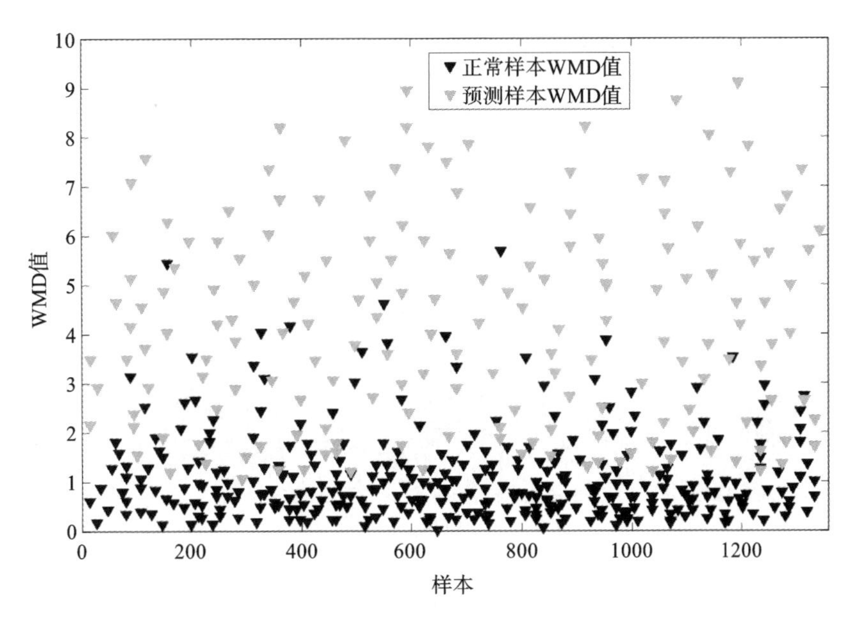

图 10.8　正常样本与预测样本的 WMD 值对比

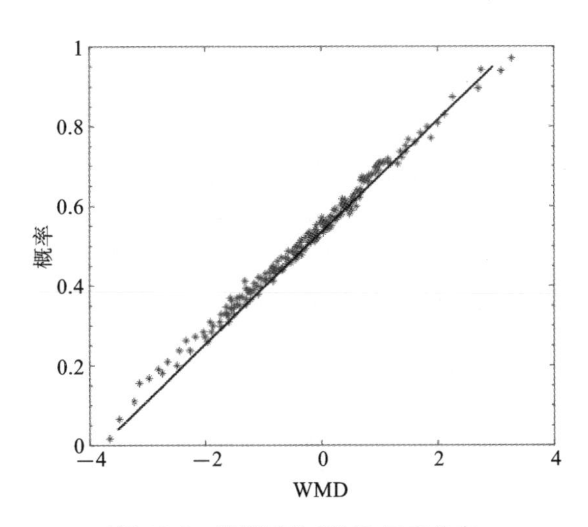

图 10.9　变换后的 WMD 正态分布

警戒值以内;对于预测样本,有 76.25%的样本超过警戒值,说明采用 WMD 值设定的阈值和警戒值具有较高的置信水平,可以用来计算健康状态指数。将98.61%设定为置信度,取调节指数 $\varepsilon=2.06$,计算得到机器人健康状态预测指数的阈值和警戒值分别为 $HS_w=0.916$,$HS_f=0.857$,以此作为生产线装配机器人的健康状态预测标准:当机器人的健康指数连续低于 HS_w 时,认为设备故障或者处于故障边缘,需要马上维护;当健康指数低于 HS_f 时,机器人处于亚健康状态,可能出现早期故障,可以采用预防性维护措施进行及早维护,以免造成后续的严重故障。

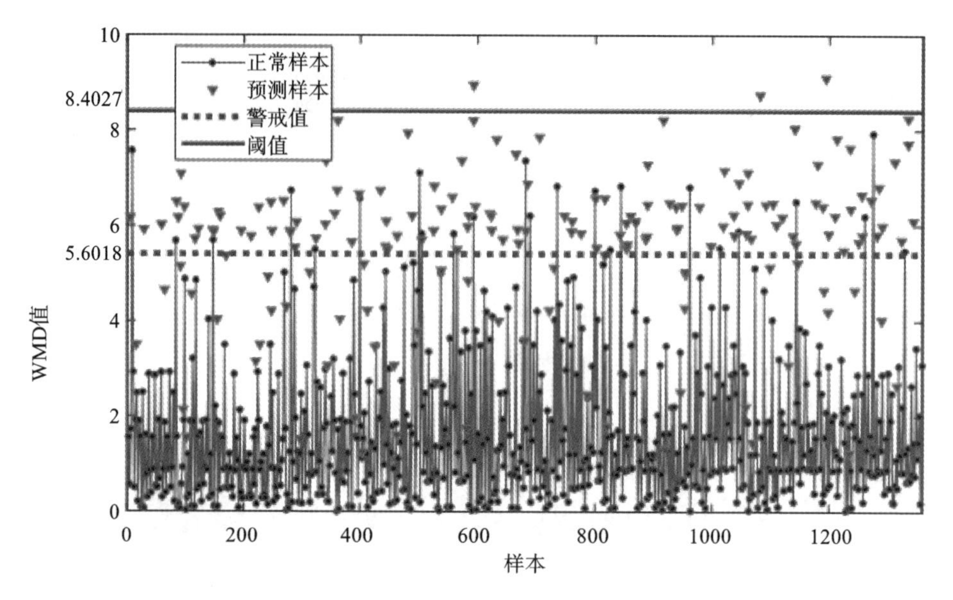

图 10.10 正常样本、预测样本的 WMD 值、警戒值及阈值

利用健康指数对预测机器人进行健康诊断，该机器人运行数据包括 1360 次循环工作数据，在进行健康状态识别时，利用 EA-SAE-CKLP 方法提取健康状态特征，构建提取特征的特征空间，计算特征的 WMD，根据 HS 的定义计算其健康状态值 HS，如图 10.11 所示。

从图 10.11 中可以看出，该机器人的在前 1000 次运行中的 HS 值都低于设定的警戒值，但在运行过程中的第 165、497、609 次时，设备 HS 值出现轻微跳跃现象，在 762 次以后，HS 值开始有明显的上升的趋势，在 905 次时 HS 值高于警戒值，972 次以后 HS 值均高于设定的警戒值，此时属于设备异常现象，需要考虑设备

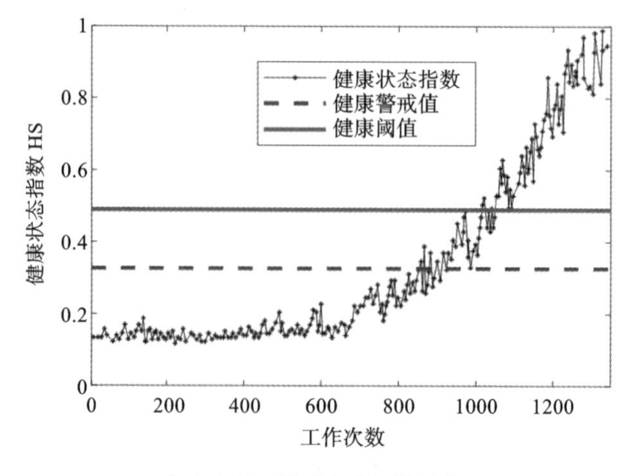

图 10.11 健康状态指数变化

是否出现某种突然变化或瞬间故障。当连续 4 次工作周期中有 2 次 HS 的值高于阈值，则认为机器人出现故障，需要及时维护。基于此准则，可以判断机器人在第 905 次运行时其健康状态开始下降，到 1136 次运行时健康状态恶化，出现故障。HS 图准确地预测了机器人在运行过程中的健康状态变化，结合异常识别算法，可以准确预测机器人的健康状态演化过程，进而预测故障出现的趋势，为预防性的智能维修提供依据。同时，为了验证该方法的有效性，将 Qiu hai 等人提出的健康指数与本章方法进行对比，结果如图 10.12 所示。本章方法的健康状态指数初始值设置为 0，而 Qiu hai 等人的初始值为 1，如果把使用 Qiu hai 等人的方法计算得到健康指数经过公式(1－HS)处理，发现本章方法与 Qiu hai 等人的方法反映的状态是一致的，但在机器人运行到 972 次时，按照 Qiu hai 等人的方法得到设备健康的结果，而本章方法计算的结果是健康指数超过警戒值但低于阈值，本章方法更为敏感，更加有利于及早发现设备潜在的健康风险。

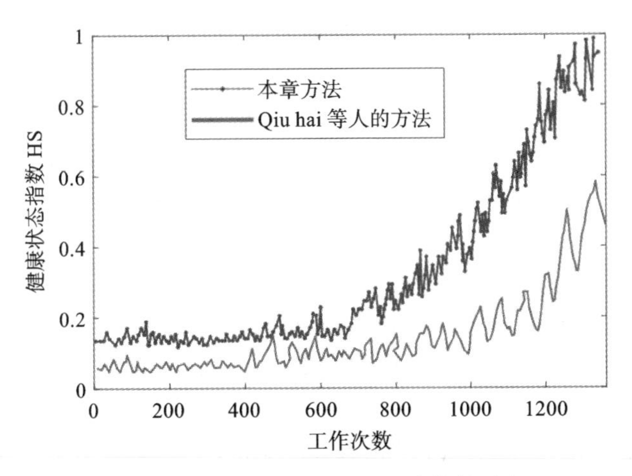

图 10.12　两种方法的健康状态指数对比

10.6　小　　结

本章针对混流制造系统中的设备健康状态预测问题，基于 CPS 与大数据技术，结合特征提取和加权马氏距离原理，构建健康状态指数对设备进行健康预测，通过某装配车间装配机器人的运行预测数据，验证了所提方法的有效性，主要如下。

(1) 针对制造设备运行数据的高冗余性特点，本章提出了 EA-SAE-CKLP 三层特征提取算法，基于 EA 多目标进化算法挑选优良个体数据，以降低运行数据的冗余性，采用 SAE 模型对数据进行降维，并用 CKLP 算法进行最终的特征选择，从而达到高效提取设备健康状态特征的目的。

(2) 提出数据模型混合驱动的健康状态预测方法，该方法通过建立运行数据的 WMD 特征空间，构建设备健康状态指数模型，设定健康状态预测阈值，利用 CPS 技术嵌入到制造设备中进行健康状态预测。实验验证了该方法能够准确、及时地预测设备的健康状况，可以及早发现制造设备潜在的故障风险，为制造设备的在线健康预测提供了有效的方法。

制造设备的全寿命周期运行预测数据是本章所提方法有效性的前提，然而，对于缺少全生命周期数据的设备健康状态预测，训练样本的获取较为困难。同时，制造车间不同设备的工况不同，性能参数差异大，如何对制造系统整体的健康状态进行评估和预测，对系统的故障进行预测和维护等是将来必须进行的重点研究。

参考文献

[1] 高贵兵，岳文辉，王峰. 基于 CPS 方法与脆弱性评估的制造系统健康状态智能诊断[J]. 中国机械工程，2019，30(2)：212-219.

[2] 谷长超，何益海，韩笑，等. 面向健康保障的制造系统预测性维修决策模型[J]. 计算机集成制造系统，2019，25(9)：2149-2158.

[3] LEE S, LEE S, K LEE, et al. Data-driven health condition and RUL prognosis for liquid filtration systems[J]. Journal of Mechanical Science and Technology, 2021(35): 1597-1607.

[4] RUBEN F, STEFANO R, MATTEO M, et al. Smart society and artificial intelligence: big data scheduling and the global standard method applied to smart maintenance[J]. Engineering, 2020, 6(7): 835-846.

[5] 王庆锋，李中，许述剑，等. 基于故障案例学习的设备健康评价方法研究[J]. 机械工程学报，2020，56(20)：28-37.

[6] LIU Q, DONG M, LV W, et al. A novel method using adaptive hidden semi-Markov model for multi-sensor monitoring equipment health prognosis[J]. Mechanical Systems & Signal Processing, 2015, 64: 217-232.

[7] 雷亚国，贾峰，周昕，等. 基于深度学习理论的机械装备大数据健康预测方法[J]. 机械工程学报，2015，51(21)：49-56.

[8] 张晨，李嘉，王海宁，等. 大数据在设备健康预测和备件补货中的应用[J]. 中国机械工程，2019，30(2)：183-187.

[9] ZHAO R, YAN R, CHEN Z, et al. Deep learning and its applications to machine health monitoring[J]. Mechanical Systems and Signal Processing, 2019, 115: 213-237.

[10] SKARIA H A, PRADEEP R, REJITH R, et al. Health monitoring of rolling element bearings using improved wavelet cross spectrum technique and support vector machines[J]. Tribology International, 2021, 154: 106650.

[11] 陈志强,陈旭东,José Valente de Olivira,等.深度学习在设备故障预测与健康管理中的应用[J].仪器仪表学报,2019,40(9):206-226.

[12] 齐咏生,樊佶,刘利强,等.基于形态学分形和极限学习机的风电机组轴承故障诊断[J].太阳能学报,2020,41(6):102-112.

[13] ZHENG J, PAN H, CHENG J. Rolling bearing fault detection and diagnosis based on composite multiscale fuzzy entropy and ensemble support vector machines[J]. Mechanical Systems and Signal Processing, 2017,85:746-759.

[14] FANG Q, WU D. ANS-net: anti-noise Siamese network for bearing fault diagnosis with a few data [J]. Nonlinear Dynamics, 2021, 104 (3): 2497-2514.

[15] 李振恩,张新燕,胡威,等.基于健康指数的风电机组高速轴轴承状态评估与预测[J].太阳能学报,2021,42(10):290-297.

[16] 左建勇,冯富人,丁景贤.基于 Super smoother 和 3σ 原理的列车动态测试趋势性异常数据清洗方法与分析[J].仪器仪表学报,2020,41(10):65-73.

[17] ANDO S. Frequency-domain Prony method for autoregressive model identification and sinusoidal parameter estimation[J]. IEEE Transactions on Signal Processing,2020,68:3461-3470.

[18] 王丽萍,任宇,邱启仓,等.多目标进化算法性能评价指标研究综述[J].计算机学报,2021,44(8):1590-1619.

[19] YU M, QUAN T, PENG Q, et al. A model-based collaborate filtering algorithm based on stacked AutoEncoder [J]. Neural Computing and Applications,2021,34(4):2503-2511.

[20] 安煌,赵荣珍.转子故障数据集降维的 CKLPMDP 算法研究[J].振动与冲击,2021,40(9):37-42+54.

[21] TAGUCHI G, JUGULUM R. The Mahalanobis-Taguchi strategy: a pattern technology system[M]. New Jersey:John wiley & Sons,2002.

[22] LI Q, WU Z, LIN L, et al. High-level fusion coupled with mahalanobis distance weighted (MDW) method for multivariate calibration [J]. Scientific Reports,2020,10(1):5478.

[23] QIU H, LEE J, LIN J, et al. Robust performance degradation assessment methods for enhanced rolling element bearing prognostics[J]. Advanced Engineering Informatics,2003,17(3-4):127-140.